技能培训一体化教材编审委员会

主　　任　周良权
副 主 任　邹耀宗　李洪春　吴锡春
委　　员　林　源　肖　宁　曾安贵　易兴俊

《电工基础》一体化教材编审人员

主　　编　曾安贵　易兴俊
参　　编　曾安贵　易兴俊　林　源　胡　琼　唐　棋
　　　　　郭　丹　胡建华
统　　筹　邹耀宗　林　源

中等职业教育课程改革规划新教材

电工基础

主　编　曾安贵　易兴俊
副主编　冯鑫林　孙俊燕

技能培训一体化教材编审委员会组织编写

四川大学出版社
·成　都·

特约编辑：王　斌
责任编辑：廖庆扬
责任校对：张　阅
封面设计：原谋设计工作室
责任印制：王　炜

图书在版编目(CIP)数据

电工基础 / 曾安贵，易兴俊主编. —成都：四川大学出版社，2011.7
ISBN 978-7-5614-5370-4

Ⅰ.①电… Ⅱ.①曾…②易… Ⅲ.①电工学-高等职业教育-教材 Ⅳ.①TM1

中国版本图书馆 CIP 数据核字（2011）第 137255 号

书名　**电工基础**

主　　编　曾安贵　易兴俊
出　　版　四川大学出版社
地　　址　成都市一环路南一段24号（610065）
发　　行　四川大学出版社
书　　号　ISBN 978-7-5614-5370-4
印　　刷　成都金龙印务有限责任公司
成品尺寸　185 mm×260 mm
印　　张　11.75
字　　数　271 千字
版　　次　2011 年 8 月第 1 版
印　　次　2019 年 8 月第 3 次印刷
定　　价　28.80 元

◆读者邮购本书，请与本社发行科联系。
电话：(028)85408408/(028)85401670/
(028)85408023　邮政编码：610065
◆本社图书如有印装质量问题，请寄回出版社调换。
◆网址：http://press.scu.edu.cn

前言

电工基础是电工、电子、机电类等专业的公共基础课。一方面，电工基础理论内容复杂、深涩难懂，实验多为验证性实验；另一方面，中职学生基础较差，学习积极性不高，如果教师再使用一本书、一支粉笔的传统“填鸭式”教学方式，部分学生学不懂，产生厌学情绪是情理之中的事情。

要解决上述矛盾，需要按照一体化教学模式的要求，对传统电工基础课程进行改革。

一、本教材的编写特色

本教材是电工基础一体化教材，是对传统电工基础课程进行一体化改造的有益尝试。

理论实践一体化教学是将理论与实践教学内容一体化设置；讲授与操作一体化实施；教室、实验室和实习场所一体化配置；专业知识、操作技能与职业技能考核一体化训练。在具体的教学过程中加大实践的力度，讲解理论的时候多和实际相联系，深入浅出，激发学生的学习兴趣，提高实践操作水平。

本教材大幅度增加了实训课时，使之理论课与实训课之比接近1∶1的水平。

二、本教材的内容安排

过去，职校所使用的教学大纲、教学计划、教材只适用于传统教学模式。一体化教学采用的是模块化的教学方式。

模块化教学是一种打破常规的完整课程体系，突出实操、实训教学的一种教学方式。

一体化电工基础教材内容基本覆盖中等职业教育电工基础课程内容，但根据中职培养目标和中职学生对技能的要求，对教学大纲进行了完善和一定的修改，调整了课程体系和教材内容，具有如下特点：

1. 突出重点，分散难点，降低理论分析的难度

本教材贯彻“理论够用，实践为主”的原则，突出重点，分散难点，删除了部分既是难点又非重点的内容，增加了实用知识。

2. 增加实训内容和课时

根据实践教学内容的难易程度以及循序渐进的教学规律，由易到难，分别开设基础性、仿真性、综合性（大型作业）实训项目。

3. 引入现代化教育技术和手段，如EWB仿真软件

用计算机软件进行电路仿真，具有直观、生动、节约经费的特点。教师利用多媒体教室，边仿真，边讲解，边实验，边训练，可达到强化学生知识、技能、能力，使三者融会贯通的目的。

三、如何使用本教材

致 老 师

(1) 本教材是电工基础一体化教材，由双师型教师在传统教室、一体化教室或者实验室实施教学。

(2) 每个模块的理论课内容和对应的实训课内容在相邻两章中。教师可以在讲授了前一章的某个理论课内容后，跳到后一章讲授该理论课内容对应的实训课内容。

(3) 无实训器材的实训项目，可以用计算机仿真解决。

致 学 生

(1) 本教材是电工基础一体化教材，学生在实训时应该将本教材带入一体化教室或者实验室，按照实训指导书一步步完成实训。

(2) 学生应该按实训指导教师的要求，独立完成实验报告。

(3) 学生必须听从教师指挥，遵守实训纪律，确保操作安全。

编 者

2010 年 7 月 8 日

目录

第一编 模块一：基本电路理论及基本电路元件

第二编 模块二：民用住宅单相供/配电线路设计与安装

第一编
模块一：基本电路理论及基本电路元件

第一章　理论：电路及分析方法

第一节　电路的组成及作用

一、电路组成

电流流过的路径就叫电路。电路必须是闭合的，否则电流无法流通。最简单的电路由开关、导线、电源和负载（用电器）等元件组成，如图 1－1 所示。其中，电源是将其他形式的能量转化为电能的设备，常见的有蓄电池、干电池等；负载是将电能转化为其他形式能量的用电器，如收音机、电视机和电风扇等；开关用来控制电路的通断；导线是电能传输和分配的载体。

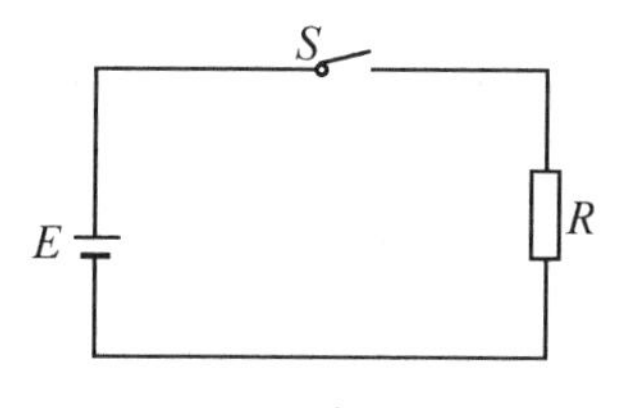

图 1－1　电路模型

电路有两方面的功能：一是进行能量的转换、传输和分配，例如供电电路可将蓄电池的电能经导线输送到各个用电设备，再由用电设备转换成光能、机械能等；二是实现信息的传递和处理，例如计算机电路、电视机电路、收音机电路等。

二、电路工作的三种状态

电路的工作状态包括：通路、开路和短路三种。

电流从电源的正极出发，流经导线、开关、负载等，再回到电源负极的这种状态就称为通路或闭路状态。

如果电流流过的路径任何一处断开，则称此状态为断路状态，此种情况下电路中无电流，负载无法工作。

若电源输出的电流不经过负载只经过导线直接回电源，此种情况被称为短路状态，简称短路。短路时，电路的电流非常大，容易引起用电器的损坏，甚至是火灾。为避免出现这种情况，各类用电器常配有保险装置。

三、电路图及电工图形符号

如图 1－1 所示用电气图形符号描述电路连接情况的图，称为电路图。常用的电气简图图形符号见表 1－1。

表 1－1　常用电气简图图形符号

图形符号	文字符号	名　称	图形符号	文字符号	名　称
	S 或 SA	开关		C	电容器
	GB	蓄电池		PW	功率表
	R	电阻器		PV	电压表
	RP	电位器		PA	电流表
	VD	二极管		X	端子
	US	电压源			接地
	IS	电流源			焊接导线
		架空导线			接机壳
	FU	熔断器		L	线圈
	HL	指示灯		L	带磁芯的线圈

第二节　电路的基本物理量

在电路的应用中常见的基本物理量包括：电流、电压、电位、电功率等。

一、电流及参考方向

1. 电流的形成

电荷的定向移动就形成了电流，如图 1－2 所示。若电流的方向和大小恒定不变，则称其为直流，用 DC 表示，如图 1－3（a）所示。若电流的大小和方向都随时间而变化，则称其为交流，用 AC 表示，如图 1－3（b）所示。所以，由直流电源供电的，称为直流电路；由交流电源供电的，称为交流电路。

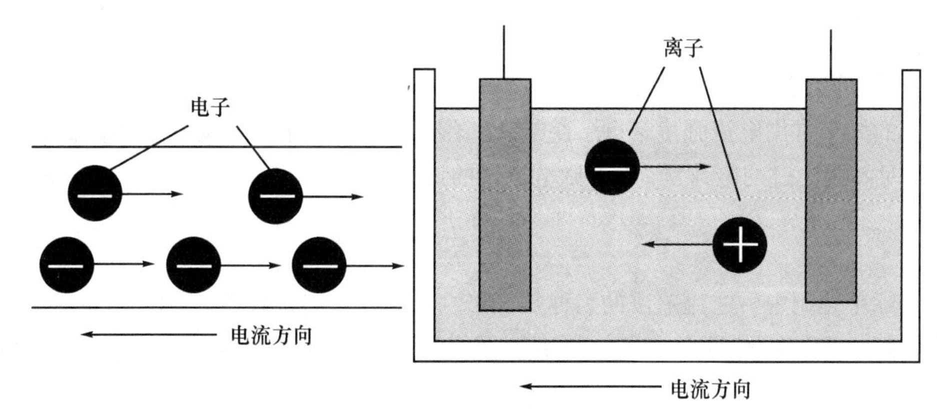

图 1－2　电流的形成

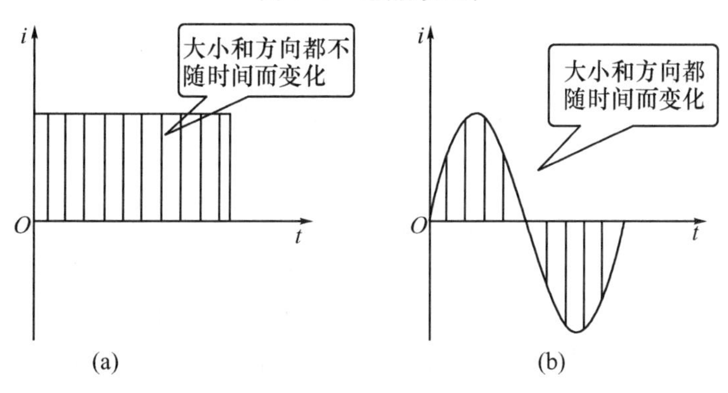

图 1－3　直流和交流

2. 电流的方向

习惯上规定：正电荷移动的方向为电流的方向，因此电流的方向实际上与自由电子移动的方向相反。在分析和计算较为复杂的直流电路时，经常会遇到某一电流的实际方向难以确定的情况，这时可先任意假定一个电流的参考方向，然后根据电流的参考方向列方程求解。如果计算结果为正，则电流的实际方向与参考方向相同；如果计算结果为负，则电流的实际方向与参考方向相反，如图 1－4 所示。

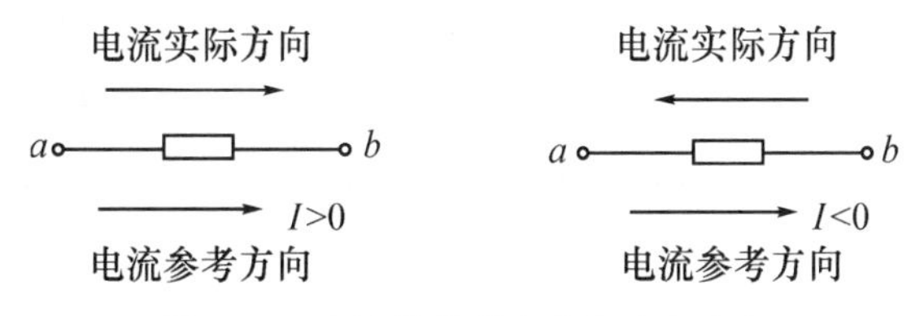

图 1－4　电流的参考方向和实际方向

例 1－1　如图 1－5 所示电路中，电流参考方向已选定，已知 $I_1=2$ A，$I_2=-6$ A，$I_3=-10$ A，试指出电流的实际方向。

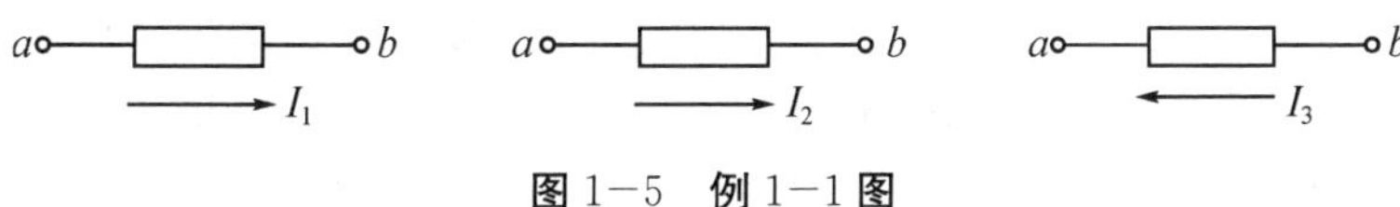

图 1－5　例 1－1 图

解： I_1 的实际方向与参考方向相同，即电流由 a 流向 b，大小为 2 A；I_2 的实际方向与参考方向相反，即电流由 b 流向 a，大小为 6 A；I_3 的实际方向与参考方向相反，即电

流由 a 流向 b，大小为 10 A。

3. 电流的大小

电流的大小常用电流强度表示，它在数值上等于单位时间内流过导体横截面的电荷量。设 t 时间内流过的电荷量为 q，则电流 I 的计算公式为

$$I=\frac{q}{t} \tag{1-1}$$

在国际单位制中，电流单位的名称是安培，简称安，用符号 A 表示；电量单位的名称是库仑，简称库，用符号 C 表示。除此之外，常用的电流单位还有毫安（mA）和微安（μA），且存在

$$1\ \text{kA}=10^3\ \text{A}=10^6\ \text{mA}=10^9\ \mu\text{A}$$

二、电压及参考方向

电场力将单位正电荷从 a 点移到 b 点所做的功，称为 a、b 两点间的电压，用 U_{ab} 表示。电压的单位是伏特（简称伏），用 V 表示。

电压与电流一样也存在实际方向难以判断的问题，在计算较复杂电路时，也要先设定电压的参考方向。原则上电压的参考方向可任意选取，但如果已知电流参考方向，则电压参考方向最好选择与电流一致，称为关联参考方向。当电压的实际方向与参考方向一致时，电压为正值；反之，电压为负值。电压的参考方向有 3 种表示方法：箭头表示；极性表示；双下标表示。见例 1－2。

例 1－2 已知图 1－6(a)中，$U=8$ V；图 1－6(b)中，$U=-4$ V；图 1－6(c)中，$U_{ab}=-6$ V。试指出电压的实际方向。

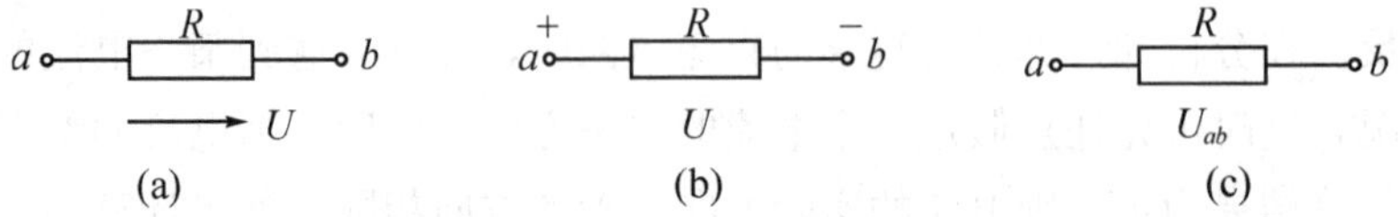

(a)　(b)　(c)

图 1－6　电压的参考方向

解： 图 1－6(a)中，$U=8\ \text{V}>0$，说明电压的实际方向与参考方向相同，即由 a 指向 b；图 1－6(b)中，$U=-4\ \text{V}<0$，说明电压的实际方向与参考方向相反，即由 b 指向 a；图1－6(c)中，$U_{ab}=-6\ \text{V}<0$，说明电压的实际方向与参考方向相反，即由 b 指向 a。

三、电位及零电位点

若在电路中选定一个参考点，则电路中某一点与参考点之间的电压即为该点的电位。它的单位也是伏特，通常用 U 表示，如 a、b 点的电位可分别记为 U_a、U_b。原则上参考点可以任意选择，但为了便于分析计算，在电力电路中常以大地作为参考点。电路中任意两点之间的电位差就等于这两点之间的电压，即 $U_{ab}=U_a-U_b$，故电压又称电位差。

参考点又称为零电位点。

注意： 电路中某点的电位与参考点的选择有关，但两点间的电位差与参考点的选择无关。

四、电动势

电源将正电荷从电源负极经电源内部移到电源正极的能力用电动势表示，符号为 E，单位为 V（伏特）。在数值上等于电源没有接入电路时两极间的电压。电动势的方向规定为在电源内部由负极指向正极，如图 1－7 所示。

图 1－7　电动势的方向规定

对于一个电源来说，既有电动势，又有端电压。电动势只存在于电源内部，而端电压则是电源加在外电路两端的电压，其方向由正极指向负极。一般情况下，电源的端电压总是低于电源内部的电动势，只有当电源开路时，电源的端电压才与电源的电动势相等。

第三节　电阻元件和欧姆定律

一、电阻元件

1. 概念及计算公式

电流通过导体时，由于做定向移动的电荷会和导体内的带电粒子发生碰撞，所以导体在通过电流的同时也对电流起着阻碍作用，这种对电流的阻碍作用称为电阻，用字母 R 表示。电阻的单位是欧姆，简称欧，用 Ω 表示。比较大的单位还有千欧（kΩ）、兆欧（MΩ）。它们之间的换算关系为

$$1\,\mathrm{M\Omega}=10^{3}\,\mathrm{k\Omega}=10^{6}\,\Omega$$

任何物质都有电阻，不同的物体对电流的阻碍作用是不同的。实验表明，金属导体的电阻由它本身的性质决定（即导体的长短、粗细、材料和温度等）。在温度不变的条件下，导体的电阻 R 与它的长度 L 成正比，与它的横截面积 S 成反比，即

$$R=\rho\frac{L}{S} \tag{1-2}$$

式中的比例常数称为材料的电阻率，用符号 ρ 表示，单位名称为欧姆·米，简称欧米；L、S 的单位分别为 m、$\mathrm{m^2}$。

电阻率的大小反映了物体的导电能力。电阻率小，物体容易导电称为导体；电阻率大，物体不容易导电，称为绝缘体；导电能力介于导体和绝缘体之间的物体称为半导体。表 1－2 中所列是常见物质在 20℃的电阻率。

表 1－2　常见金属材料的电阻率

种　类	材料名称	电阻率/Ω·m	电阻温度系数
导体	银	1.6×10^{-8}	3.6×10^{-3}
	铜	1.7×10^{-8}	4.1×10^{-3}
	铝	2.8×10^{-8}	4.2×10^{-3}
	钨	5.5×10^{-8}	4.4×10^{-3}
	镍	7.3×10^{-8}	6.2×10^{-3}
	铁	9.8×10^{-8}	6.2×10^{-3}
	锡	1.14×10^{-7}	4.4×10^{-3}
	铂	1.05×10^{-7}	4.0×10^{-3}
	锰铜	$(4.2\sim4.8)\times10^{-7}$	约 0.6×10^{-5}
	康铜	$(4.8\sim5.2)\times10^{-7}$	约 0.5×10^{-5}
	镍铬丝	$(1.0\sim1.2)\times10^{-6}$	约 15×10^{-5}
	铁铬铝	$(1.3\sim1.4)\times10^{-6}$	约 5×10^{-5}
半导体	碳	3.5×10^{-5}	-0.5×10^{-3}
	锗	0.60	
	硅	2300	
绝缘体	塑料	$10^{15}\sim10^{16}$	
	陶瓷	$10^{12}\sim10^{13}$	
	云母	$10^{11}\sim10^{15}$	
	石英	$75\sim10^{16}$	
	玻璃	$10^{10}\sim10^{14}$	
	琥珀	5×10^{14}	

2. 电阻与温度的关系

各种材料的电阻率都会随温度的变化而变化。一般来说，金属的电阻率随温度升高而增大；电解液、半导体和绝缘体的电阻率则随温度升高而减小；而有些合金（如锰铜合金和镍）铜合金的电阻几乎不受温度的影响，常用来制作标准电阻。

二、部分电路欧姆定律及电阻元件的伏安特性

只含有负载而不包含电源的一段电路称为部分电路，如图 1－8 所示。

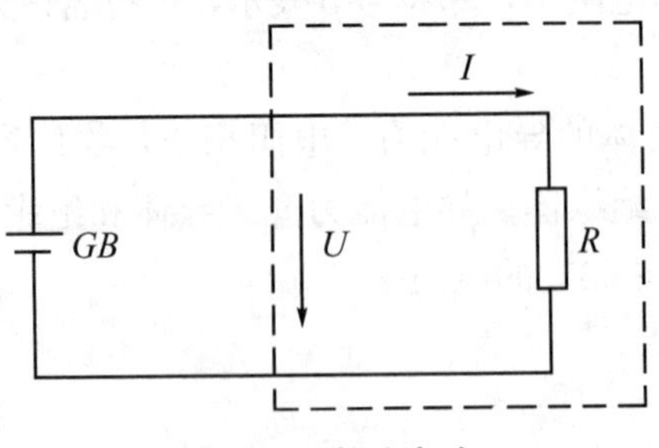

图 1－8　部分电路

部分电路欧姆定律的内容是：导体中的电流，与导体两端的电压成正比，与导体的电阻成反比。其公式为

$$I=\frac{U}{R} \tag{1-3}$$

如果以电压为横坐标，电流为纵坐标，可画出电阻的 U/I 关系曲线，称为伏安特性曲线。

伏安特性曲线是直线的电阻元件，称为线性电阻，如图 1－9(a)所示，其电阻值可以认为是不变的常数。不是直线的，则称为非线性电阻，如图 1－9(b)所示。

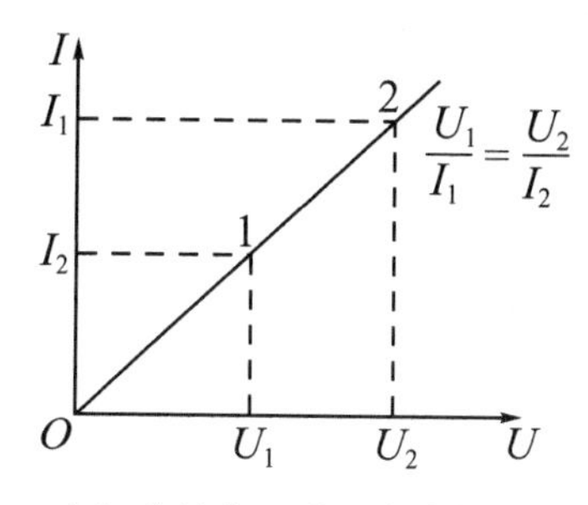

(a) 线性电阻的伏安特性曲线

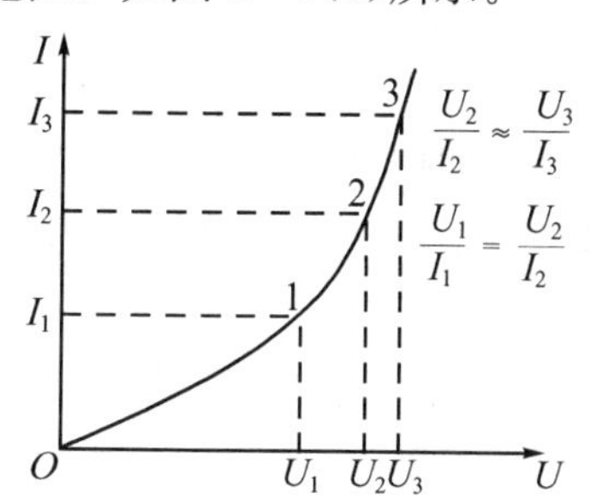

(b) 非线性电阻的伏安特性曲线

图 1－9　伏安特性曲线

三、全电路欧姆定律

含有电源的闭合电路称为全电路，如图 1－10 和图 1－11 所示。电源内部的电路称为内电路；电源内部的电阻称为内电阻，简称内阻。电源外部的电路称为外电路，外电路中的电阻称为外电阻。且存在如下关系式：

$$U_{外}=IR，U_{内}=Ir \tag{1-4}$$

$$E=U_{外}+U_{内} \tag{1-5}$$

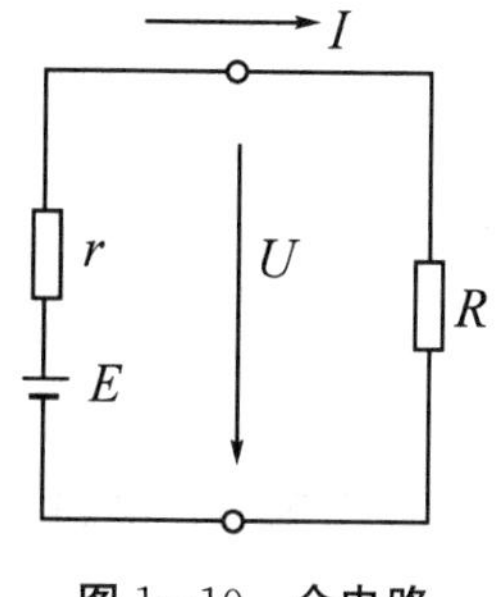

图 1－10　全电路

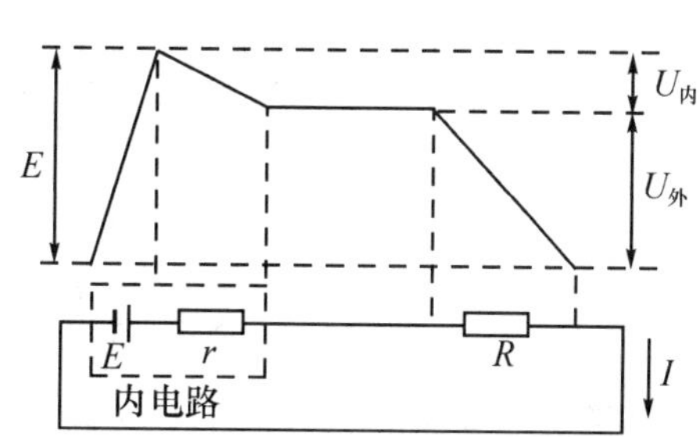

图 1－11　电源电动势 $E=U_{外}+U_{内}$

全电路欧姆定律的内容是：闭合电路中的电流与电源的电动势成正比，与电路的总电阻成反比。其公式为

$$I=\frac{E}{R+r} \tag{1-6}$$

四、电阻的串联、并联，等效电路的概念

1. 电阻的串联

把多个电阻顺次连接，就组成了电阻串联电路，如图 1－12 所示。

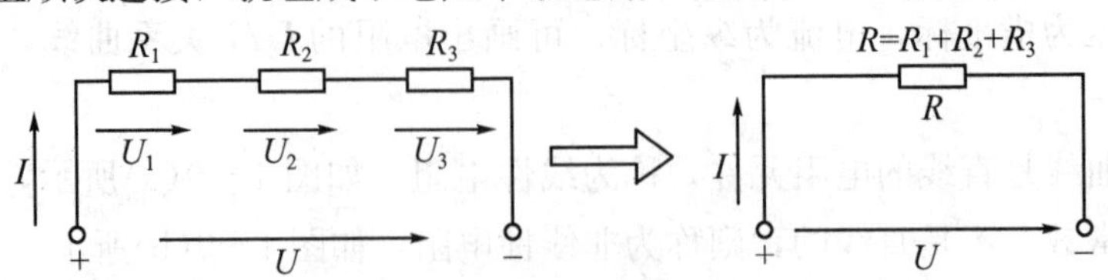

图 1－12　电阻串联

电阻串联电路具有以下特点：

（1）电路中流过每个电阻的电流都相等，即

$$I=I_1=I_2=\cdots=I_n \tag{1-7}$$

（2）电路两端的总电压等于各电阻两端的分电压之和，即

$$U=U_1+U_2+\cdots+U_n \tag{1-8}$$

（3）电路的等效电阻（即总电阻）等于各串联电阻之和，即

$$R=R_1+R_2+\cdots+R_n \tag{1-9}$$

在串联电路中，阻值越大的电阻分配到的电压越大；反之分配到的电压越小。若已知 R_1 和 R_2 两个电阻串联，电路总电压为 U，则分压公式如图 1－13 所示。

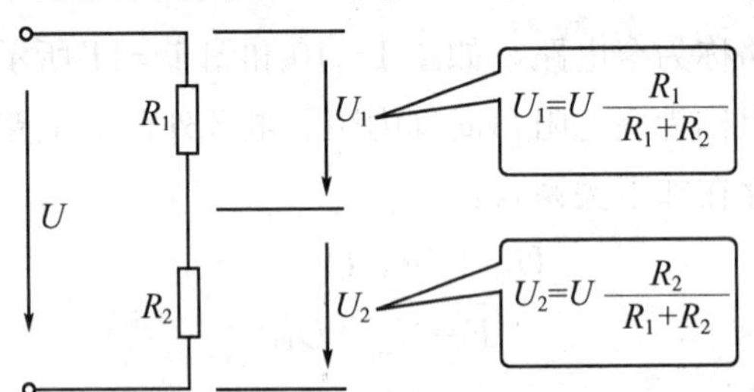

图 1－13　两个电阻串联

$$U_1=\frac{R_1}{R_1+R_2}U \tag{1-10}$$

$$U_2=\frac{R_2}{R_1+R_2}U \tag{1-11}$$

例 1－3　如图 1－13 所示，$R_1=2\ \Omega$，$R_2=6\ \Omega$，把它们串联起来后接到 $U=8$ V 的电路上，试求：电路的电流和每个电阻两端的电压。

解： 由于 R_1 和 R_2 串联，则通过两电阻的电流为

$$I=\frac{U}{R_1+R_2}=\frac{8}{6+2}\ \text{A}=1\ \text{A}$$

两电阻分得的电压为

$$U_1=IR_1=1\times2\ \text{V}=2\ \text{V}$$

$$U_2=IR_2=1\times6\ \text{V}=6\ \text{V}$$

这两个电压也可以直接用分压公式计算，请同学们自己计算。

例 1－4　如图 1－14 所示，有两只灯泡 L_1 和 L_2，其电阻分别为 $R_1=5\ \Omega$，$R_2=10\ \Omega$，串联后接到 $U=20$ V 的电源上，试求：两灯泡分得的电压比。

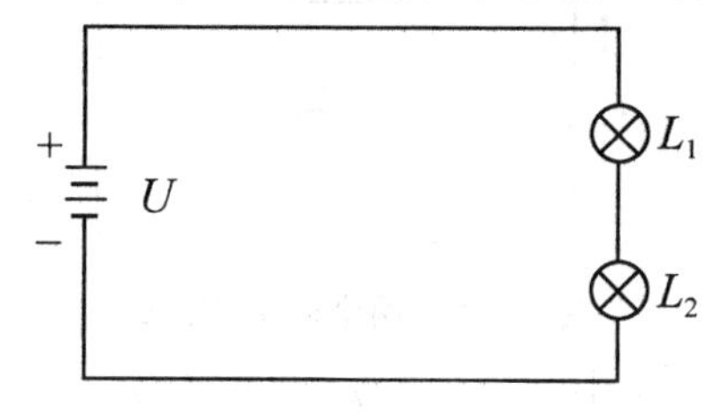

图 1－14

解：由于 L_1 和 L_2 串联，则通过两电阻的电流为

$$I=\frac{U}{R_1+R_2}=\frac{20}{5+10}\ \text{A}\approx 1.3\ \text{A}$$

两电阻的电压之比为

$$\frac{U_1}{U_2}=\frac{R_1}{R_2}=\frac{5}{15}=\frac{1}{3}$$

2. **电阻的并联**

把多个元件并列地连接起来，由同一电压供电，就组成了并联电路。图 1－15 是由三个电阻组成的并联电路。

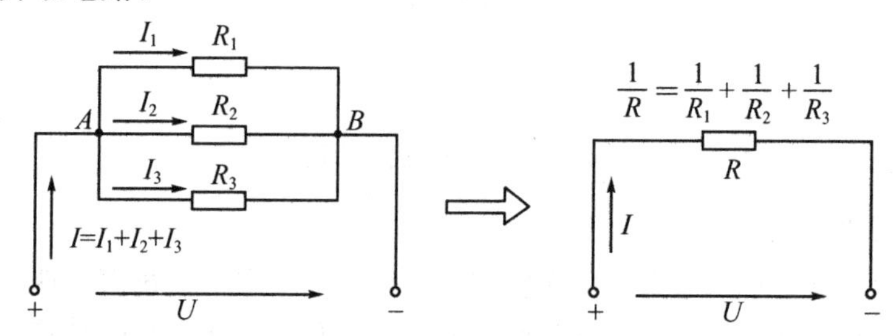

图 1－15　三个电阻并联

电阻并联电路具有以下特点：

（1）电路中各电阻两端的电压相等，且等于电路的端电压，即

$$U=U_1=U_2=U_3=\cdots \tag{1-12}$$

（2）电路的总电流等于流过各电阻的电流之和，即

$$I=I_1+I_2+\cdots+I_n \tag{1-13}$$

（3）电路的等效电阻（即总电阻）的倒数等于各并联电阻的倒数之和，即

$$\frac{1}{R}=\frac{1}{R_1}+\frac{1}{R_2}+\cdots \tag{1-14}$$

电阻并联电路中，阻值越大的电阻所分配到的电流越小，反之所分配到的电流越大。若已知 R_1 和 R_2 两个电阻并联，并联电路的总电流为 I，如图 1－16 所示，可得分流公式如下：

$$I_1=\frac{R_2}{R_1+R_2}I \tag{1-15}$$

$$I_2=\frac{R_1}{R_1+R_2}I \tag{1-16}$$

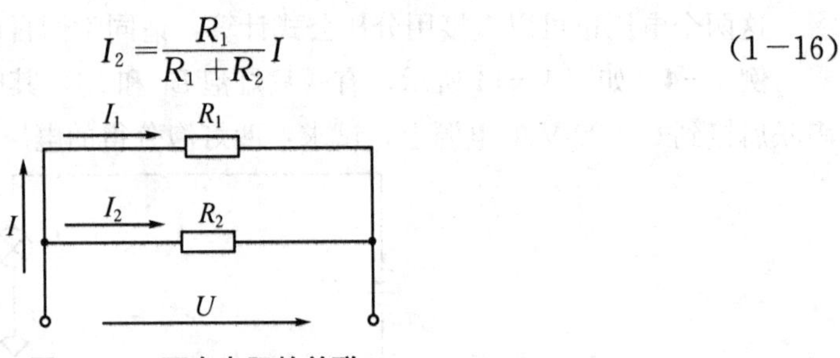

图 1−16　两个电阻的并联

例 1−5　图 1−16 所示电路中，$R_1=2\ \Omega$，$R_2=4\ \Omega$，$I=4$ A，求通过 R_1、R_2 的电流 I_1、I_2。

解： 由于 R_1、R_2 并联，由分流公式，得

$$I_1=\frac{IR_2}{R_1+R_2}=\frac{16}{6}\ \mathrm{A}\approx 2.7\ \mathrm{A}$$

$$I_2=I-I_1=4\ \mathrm{A}-2.7\ \mathrm{A}=1.3\ \mathrm{A}$$

例 1−6　两个电阻 R_1 和 R_2 并联，$R_1=50\ \Omega$，通过 R_1 的电流 I_1 为 0.1 A，通过并联电路的总电流为 0.3 A。求通过 R_2 的电流 I_2 和 R_2 的阻值。

解： 由于 R_1、R_2 并联，故有

$$I_2=I-I_1=0.3\ \mathrm{A}-0.1\ \mathrm{A}=0.2\ \mathrm{A}$$

$$U=I_1R_1=0.1\times 50\ \mathrm{V}=5\ \mathrm{V}$$

又由于 $I=\frac{U}{R}$，则有

$$R_2=\frac{U}{I_2}=\frac{5}{0.2}\ \Omega=25\ \Omega$$

3. 电阻的混联

串联和并联是最基本的电路元件连接方式。在实际应用中，我们会遇到很多复杂的电路，既有电阻串联又有电阻并联的电路称为电阻的混联。混联电路的计算，只需根据电阻串、并联的规律逐步求解即可，但对于某些较为复杂的电阻混联电路，一下子难以判别出各电阻之间的连接关系时，比较有效的方法就是画出等效电路图。如图 1−17 所示，把原电路整理成较为直观的串、并联关系的电路图，然后计算其等效电阻。

混联电阻电路的一般分析步骤是：

(1) 化简电路，即：画等效电路图。

(2) 根据欧姆定律求电路的总等效电阻、总电流或端电压。

(3) 再利用电阻的串联分压关系和并联分流关系，逐步推算出个支路的电流和电压。

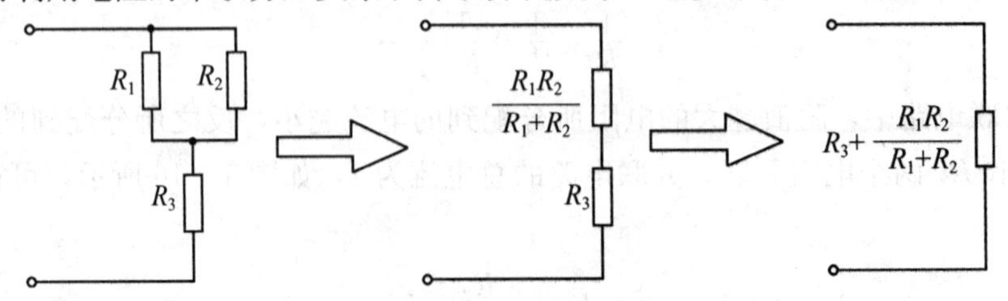

图 1−17　简单的混联电路

下面以图 1－18 为例加以说明。

例 1－7　图 1－18 中，$U=36\ \text{V}$，$R_1=R_2=3\ \Omega$，$R_3=R_4=6\ \Omega$，求通过 R_3 的电流。

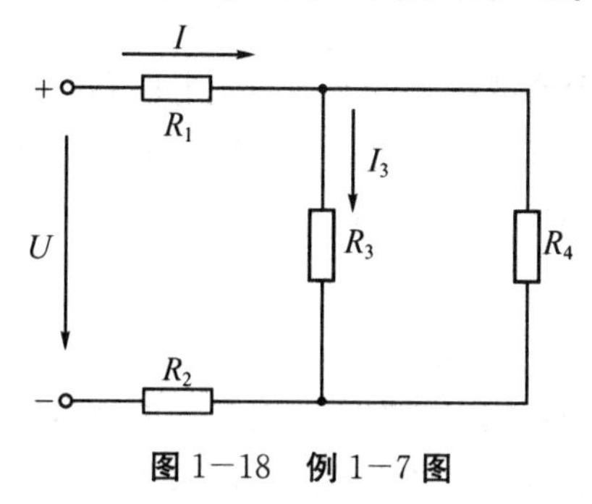

图 1－18　例 1－7 图

解： 由电路图分析，可得

$$R_{34}=\frac{R_3R_4}{R_3+R_4}=\frac{36}{6+6}\ \Omega=3\ \Omega$$

$$R_{总}=R_1+R_2+R_{34}=3\ \Omega+3\ \Omega+3\ \Omega=9\ \Omega$$

根据欧姆定律，则有
$$I=\frac{U}{R}=\frac{36}{9}\ \text{A}=4\ \text{A}$$

根据分流公式有
$$I_3=\frac{IR_4}{R_3+R_4}=\frac{4\times6}{6+6}\ \text{A}=2\ \text{A}$$

第四节　电功和电功率

一、电功

电流做功的过程，实质上就是将电能化为其他形式的能的过程。例如：电流通过电动机做功，电能转化为机械能；电流通过电炉做功，电能转化为热能；电流通过灯泡做功，电能转化为热能和光能；电流通过电解槽做功，电能转化为化学能等。电流所做的功，简称电功，用字母 W 表示。研究表明：电流在一段电路上所做的功等于这段电路两端的电压 U、电路中的电流 I 和通电时间 t 三者的乘积，即

$$W=UIt \tag{1-17}$$

式中 W、U、I、t 的单位分别为 J、V、A、s。在工程应用中，电能的另一个常用单位是千瓦时，用符号 1 kW · h 表示人们通常所说的 1 度电的含义：

$$1\ 度=1\ \text{kW}\cdot\text{h} \tag{1-18}$$

二、电功率

为了表征电流做功的快慢程度，引入了电功率这一物理量。电流在单位时间内所做的功称为电功率，用字母 P 表示，单位为瓦，用符号 W 表示，其计算式为

$$P=\frac{W}{t}=UI \tag{1-19}$$

对于纯电阻电路，上式还可以写为

$$P=I^2R=\frac{U^2}{R} \tag{1-20}$$

电气设备安全工作时所允许的最大电流、最大电压和最大功率分别称为它们的额定电流、额定电压和额定功率。一般元器件和设备的额定值都标在其明显位置，如灯泡上标有的“220 V/40 W”和电阻上标有的“100 Ω/2 W”等。

三、电流的热效应

电炉、电热毯、电暖器等家用电器都有一个共同的特点，就是通电后能够发热。通过焦耳—楞次定律可知：电流流过导体产生的热量与电流强度的平方、导体的电阻和通电时间成正比。用公式可以写成

$$Q=I^2Rt \tag{1-21}$$

式中 Q 的单位是焦耳，用符号 J 表示。这种热也称焦耳热。

第五节　基尔霍夫定律

图 1—19 所示电路只有 3 个电阻，2 个电源，能用电阻串、并联化简，并用欧姆定律求解吗？显然不能，不能用电阻串、并联化简求解的电路称为复杂电路。分析复杂电路要应用基尔霍夫定律，为了阐明该定律的含义，先介绍有关电路的基本术语。

支路：电路中的每一个分支称为支路。它由一个或几个相互串联的电路元件所构成。图 1—19 电路中有 3 条支路，即 E_1、R_1 支路；R_3 支路；E_2、R_2 支路。其中含有电源的支路称为有源支路，不含电源的支路称为无源支路。

节点：3 条或 3 条以上支路所汇成的交点称为节点。图 1－19 电路中有 A、B 两个节点。

回路和网孔：电路中任一闭合路径都称为回路。一个回路可能只含一条支路，也可能包含几条支路。其中，最简单的回路又称独立回路或网孔。图 1－19 电路中有 3 个回路，2 个网孔。

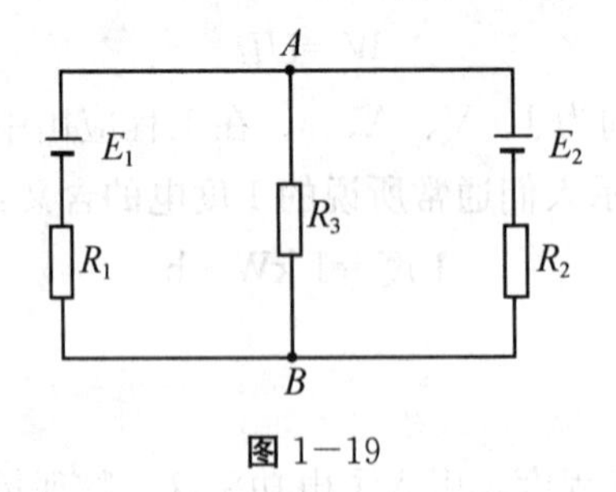

图 1—19

一、基尔霍夫第一定律

基尔霍夫第一定律又称基尔霍夫电流定律，简称 KCL。它指出：在任一瞬间，流进

和流出某一节点的电流之和相等。即

$$\sum I_{入}=\sum I_{出} \tag{1-22}$$

如图 1－20 所示，对于节点 O 有 $I_1+I_2=I_3+I_4+I_5$，移项后可写成 $I_1+I_2-I_3-I_4-I_5=0$，因此，得到 KCL 的另一种表现形式：

$$\sum I=0$$

即对于任一节点来说，流入和流出节点的电流的代数和恒等于零。

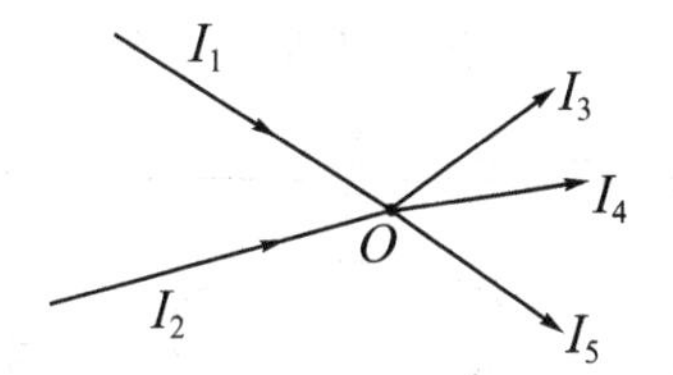

图 1－20　基尔霍夫第一定律

例 1－8　图 1－20 所示电路中，$I_1=4$ A，$I_2=-6$ A，$I_3=-4$ A，$I_5=5$ A，试求电流 I_4。

解： 由基尔霍夫第一定律可知：

$$I_1+I_2=I_3+I_4+I_5$$

代入已知值，则有

$$4+(-6)-(-4)-I_4-5=0$$

可得

$$I_4=-3\text{ A}$$

式中括号外正负号是由基尔霍夫第一定律表达式中 I_3、I_4、I_5 移项而得，括号内数字前的负号则是根据实际电流方向和参考方向相反而得。

基尔霍夫电流定律可以推广应用于任一假设的闭合面（广义节点），如图 1－21 所示。根据 KCL，有

$$I_A+I_B+I_C=0$$

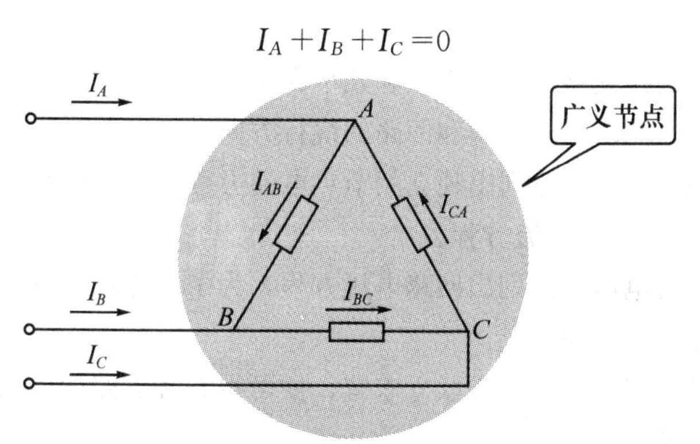

图 1－21　KCL 推广

二、基尔霍夫第二定律

基尔霍夫第二定律又称基尔霍夫电压定律，简称 KVL。它指出：在任一闭合回路中，各段电路电压降的代数和恒等于零。用公式表示为

$$\sum U=0 \tag{1-23}$$

在图 1－22 中，按虚线方向循环一周，根据电压与电流的参考方向可列出：

$$U_{AB}+U_{BC}+U_{CD}+U_{DA}=0$$

即

$$-E_1+I_1R_1-E_2-I_2R_2=0$$

或

$$E_1+E_2=I_1R_1-I_2R_2$$

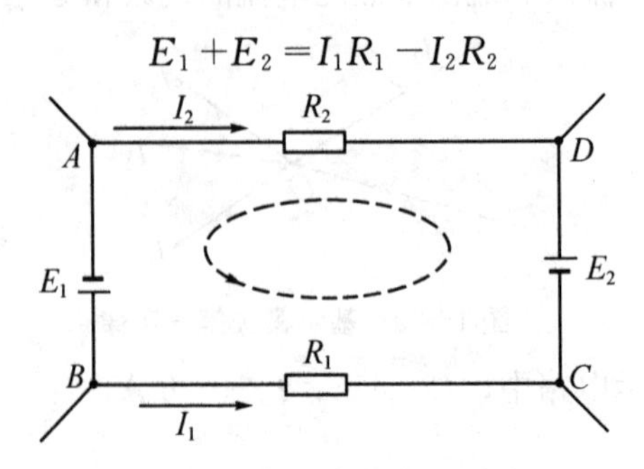

图 1－22　基尔霍夫第二定律

由上例，可得到基尔霍夫电压定律的另一种表示形式：

$$\sum E=\sum IR \tag{1-24}$$

即在任一回路循环绕行方向上，回路中电动势的代数和恒等于电阻上电压降的代数和。

第六节　支路电流法

支路电流法是分析电路的最基本的方法。它以支路电流为待求量，应用基尔霍夫定律列出含有待求量的方程组，通过求解方程组来得到待求量。应用支路电流法解支路电压和电流的步骤如下：

（1）分析电路有几条支路，几个节点和几个回路。

（2）标出各支路电流的参考方向和回路的绕行方向。

（3）根据基尔霍夫电流定律列出独立的节点电流方程，如果电路中有 n 个节点，那么只能列出 $n-1$ 个独立的节点电流方程。

（4）根据基尔霍夫电压定律列出回路电压方程，为了使方程独立，在选取回路时应使每一个回路包含一条新的支路。

（5）将步骤（3）、（4）中的方程联立求解，便可得到各支路的电流，再根据题意确定各支路电流的实际方向。

例 1－9　图 1－23 电路中，$E_1=140$ V，$E_2=90$ V，$R_1=20$ Ω，$R_2=5$ Ω，$R_3=6$ Ω，求各支路电流。

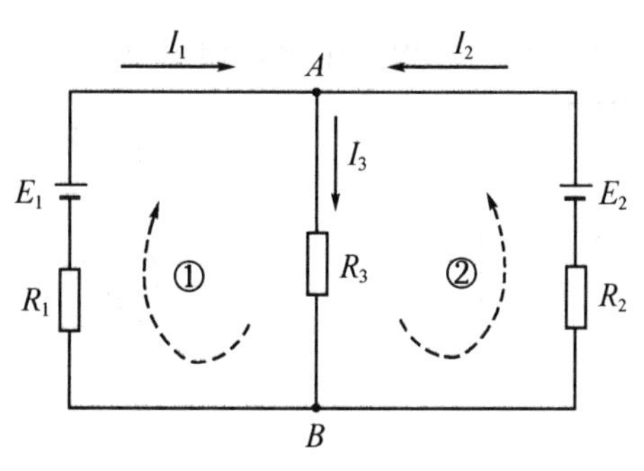

图 1－23　复杂电路

解：（1）电路中含有 3 条支路，2 个节点，3 个回路。

（2）各支路电流的参考方向和回路的绕行方向如图 1－23 所示。

（3）由于电路中有 2 个节点，由基尔霍夫电流定律，可得

$$I_1+I_2=I_3$$

（4）电路中有 3 个回路，但却只可以有 2 个是独立的，故只能得到两个独立方程，由基尔霍夫电压定律，可得：

对于回路 1，有　　$E_1=I_1R_1+I_3R_3$

对于回路 2，有　　$E_2=I_2R_2+I_3R_3$

（5）由上述三个方程，联立得

$$\begin{cases} I_2=I_3-I_1 \\ 20I_1+6I_3=140 \\ 5I_2+6I_3=90 \end{cases}$$

解方程得

$$\begin{cases} I_1=4\text{ A} \\ I_2=6\text{ A} \\ I_3=10\text{ A} \end{cases}$$

电流方向都和假设方向相同。

第七节　电路分析方法选学内容

一、电压源和电流源

1. 电压源

具有较低内阻的电源输出的电压较为恒定，常用电压源表示。在实际生活中如干电池、蓄电池均可视为直流电压源。

实际电压源可以用一个恒定电动势 E 和内阻 r 的串联组合表示，如图 1－24。它以输出电压的形式向负载供电，输出电压（端电压）的大小为 $U=E-Ir$，在输出相同电流的条件下，电源内阻越大，输出电压越小。若电源内阻 $r=0$，则 $U=E$，而与输出电流大小

无关。我们把内阻为零的电压源称为理想电压源，如图 1－25 所示。

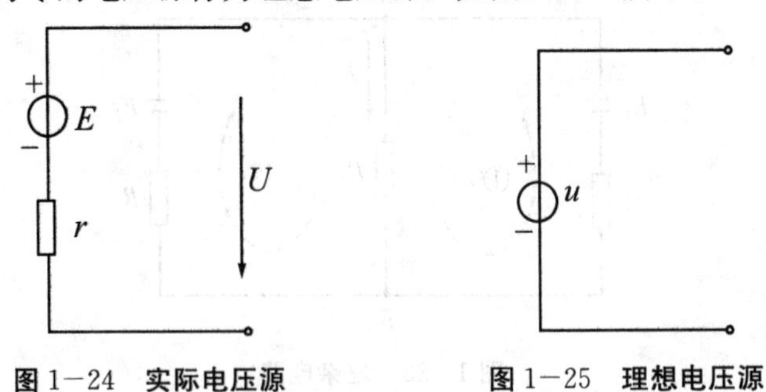

图 1－24　实际电压源　　　图 1－25　理想电压源

2．电流源

具有较高内阻的电源输出的电流较为恒定，常用电流源来表示。实际使用的稳流电源、光电池等视为电流源。

常用一个恒定电流 I_S 和内阻 r 的并联组合来等效一个电流源，如图 1－26 所示。电流源以输出电流的形式向负载供电，电源输出电流 I_S 在内阻上的分流为 I_0，在负载 R_L 上的分流为 $I_L=I_S-I_0$。把内阻无穷大的电流源称为理想电流源，又称恒流源，如图1－27 所示。

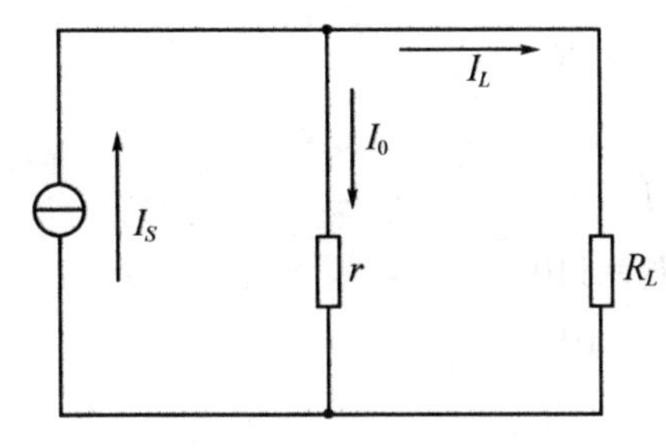

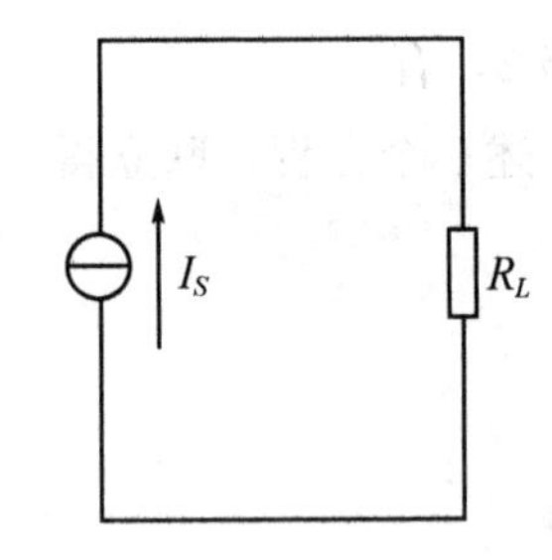

图 1－26　实际电流源　　　图 1－27　理想电流源

3．电压源与电流源的等效变换

为了便于电路分析，常常要将电压源模型与电流源模型进行互相变换，这种互相变换是在保持两者的外特性，即伏安关系曲线完全相同的原则下进行的，称为等效变换。

电压源与电流源可以等效变换，如图 1－28 所示。

r 不变：
$$I_S=\frac{E}{r},\ E=I_S\cdot r \tag{1-25}$$

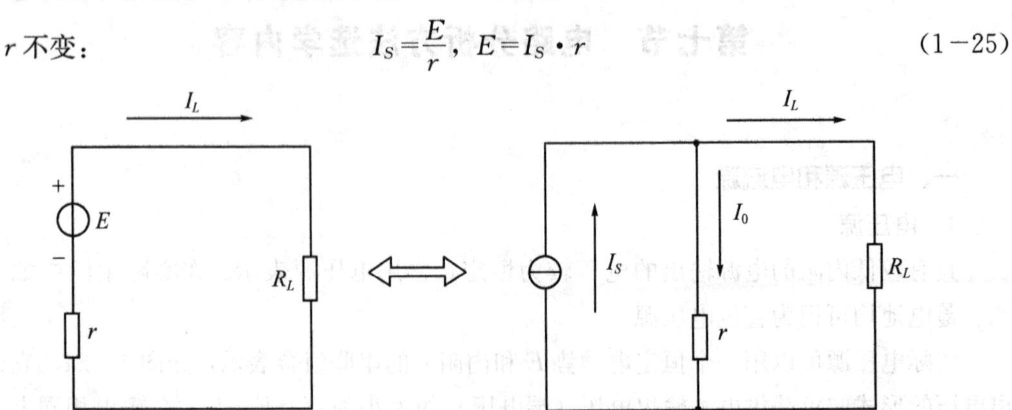

图 1－28　电压源与电流源的等效变换

例 1－10　试将图 1－29(a)中的电压源转换成电流源，将图 1－29(b)中的电流源转换成电压源。

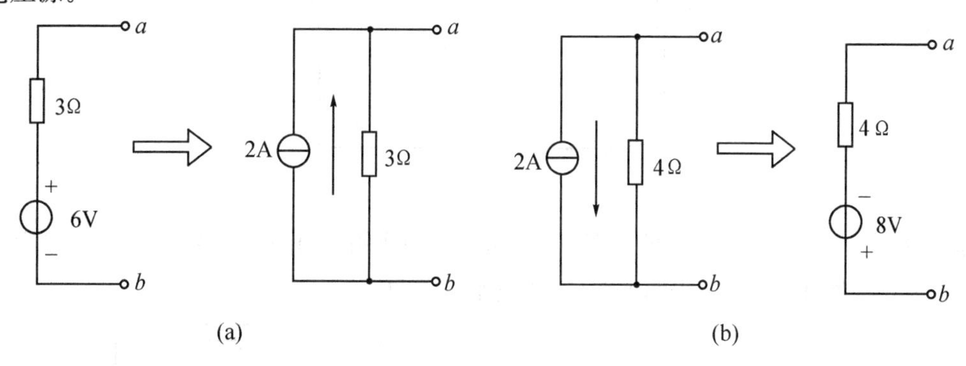

图 1－29

解：(1) 将电压源转换成电流源

$$I_S=\frac{E}{r}=\frac{6}{3}\ \text{A}=2\ \text{A}$$

内阻不变，电流源电流的参考方向与电压源正负极参考方向一致，如图 1－29(a)。

(2) 将电流源转换成电压源

$$E=I_S\cdot r=2\times 4\ \text{V}=8\ \text{V}$$

内阻不变，电压源正负极参考方向与电流源电流的参考方向一致，如图 1－29(b)。

二、叠加原理

叠加原理是线性电路分析的一个基本定理。线性电路指电压、电流与电源电动势成线性关系的电路。叠加原理的具体内容是：在一个包含多个电源电动势的电路中，任一支路的电流（或电压）可以认为是各电源电动势单独作用时产生的电流（或电压）之和。应用叠加原理可以将复杂的电路简化。

应用叠加原理求电路中电压或电流的一般步骤：

(1) 设定待求支路电压或电流的参考方向。

(2) 画出各电源单独作用时的电路图，注意将其他的电源不作用（即：电压源用短路线代替；电流源用开路代替），只保留它们的内阻，其他元件的连接方式都不改变。

(3) 计算出步骤 (2) 中各分电路图中待求支路的电压或电流。

(4) 计算出步骤 (3) 中所求得的电压或电流的代数和。

例 1－11　在 1－30 所示电路中，已知 $E_1=18$ V，$E_2=9$ V，$R_1=3\ \Omega$，$R_2=1\ \Omega$，$R_3=2\ \Omega$，应用叠加定理求 I。

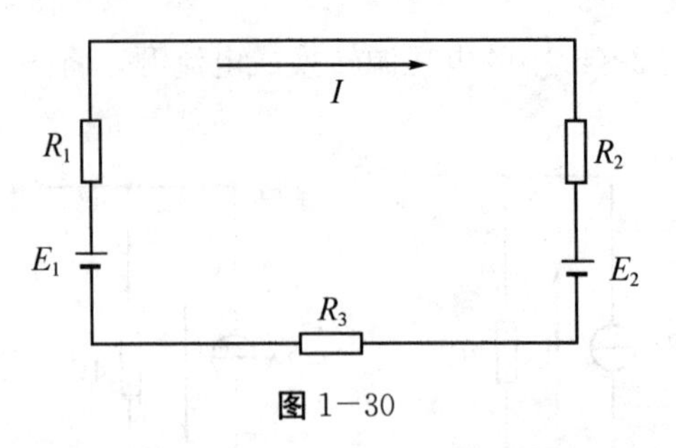

图 1－30

解： 图 1－30 中两个电源 E_1、E_2 对电路产生的作用，可以分解为图 1－31(a)中电源 E_1 单独作用与图 1－31(b)图中电源 E_2 单独作用之和。

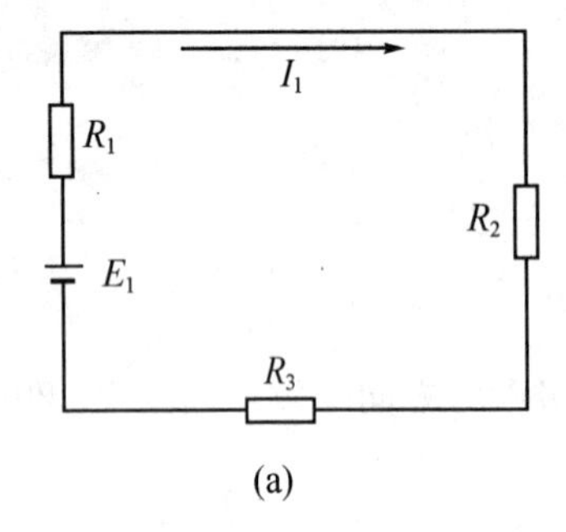

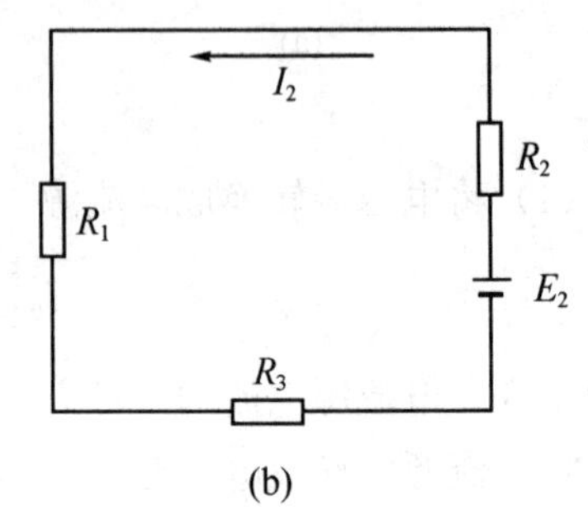

图 1－31

电源 E_1 的单独作用时：

$$I_1=\frac{E_1}{R_1+R_2+R_3}=\frac{18}{3+1+2}\ \text{A}=3\ \text{A}$$

电源 E_2 的单独作用时：

$$I_2=\frac{E_2}{R_1+R_2+R_3}=\frac{9}{3+1+2}\ \text{A}=1.5\ \text{A}$$

所以，原电路中的电流为

$$I=I_1-I_2=3\ \text{A}-1.5\ \text{A}=1.5\ \text{A}$$

应用叠加原理时需要注意的是：

(1) 叠加原理只适用于线性电路。

(2) 当一个独立的电源单独作用时，其余独立电源都应等于零，即电压源相当于短路，电流源相当于开路。

(3) 功率不能用叠加原理计算，因为功率为电压和电流的乘积，与电源的电动势不是线性关系。

(4) 应用叠加原理求电压和电流是代数量的叠加，要特别注意各代数量的符号，即注意在各电源单独作用时电压、电流参考方向是否一致，一致时相加，反之相减。

三、戴维南定理

在实际电路中，有时只需求其中一条支路的电流（或电压），再用前面介绍的方法就很复杂，如果用戴维南定理就简单方便了。

1. **二端网络**

任何具有两个引出端的电路（也称网络）都可称为二端网络。若在这部分电路中含有电源，就称为有源二端网络，否则称为无源二端网络。

一个由若干电阻组成的无源二端网络，可以等效成一个电阻，这个电阻叫做该二端网络的输入电阻，它是从二端网络的两个端点看进去的总电阻，如图 1－32 所示的 r_0。

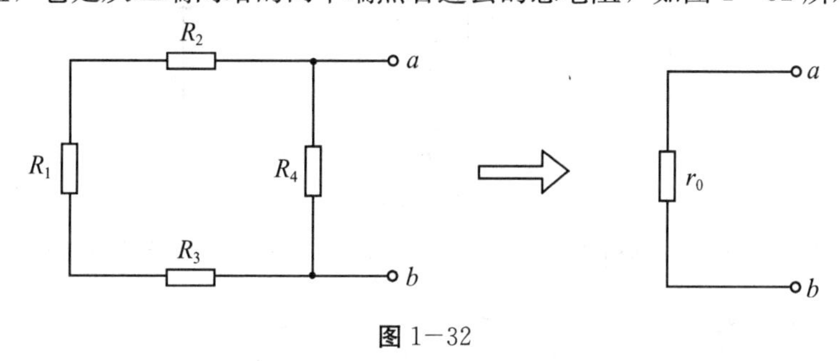

图 1－32

一个有源二端网络两端点之间开路时的电压叫做该二端网络的开路电压，如图 1－33 所示的 E_0。

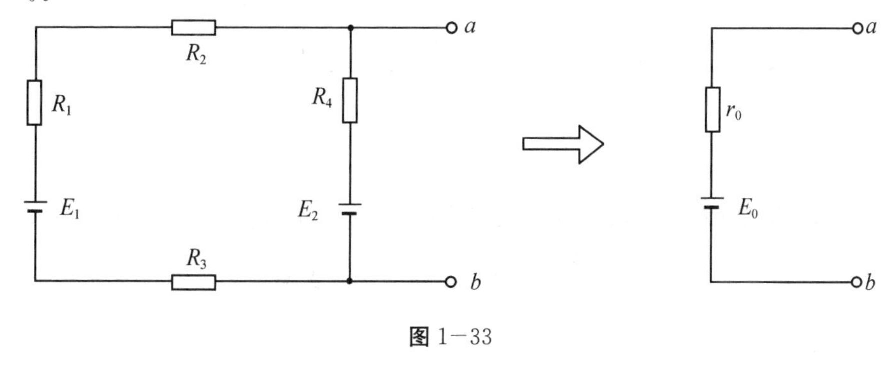

图 1－33

2. **戴维南定理**

戴维南定理的内容是：对于外电路而言，任何一个有源二端网络可以用一个电压源和电阻串联组合来等效，该电压源的电动势 E_0 等于二端网络两端点的开路电压，其电阻 R_0 等于该有源二端网络内所有电源均不作用时（相当于令电压源短路，电流源开路）网络的等效电阻（输入电阻）。

利用戴维南定理可以化简一个有源二端网络，化简的关键是求出有源二端网络的开路电压和等效电阻。

利用戴维南定理解题的步骤是：

（1）将所要求的支路从电路网络中断开，或暂时分离出来，剩余的电路便是一个有源二端网络。

（2）求二端网络的开路电压，此电压即为戴维南等效电路的电动势。

（3）求电压源的内阻，将有源二端网络中的所有电动势不作用，该二端网络变成无源二端网络，从断开端看进去，求出网络的等效电阻，此电阻即为戴维南等效电路的内阻。

（4）将分离出去的支路重新接入原断开端。

（5）按题目要求求出待求量。

例 1－12 如图 1－34 所示电路中，已知 $E_1=20$ V，$E_2=5$ V，$R_1=2.5\ \Omega$，$R_2=5\ \Omega$，$R_3=2\ \Omega$，应用戴维南定理求 I_3。

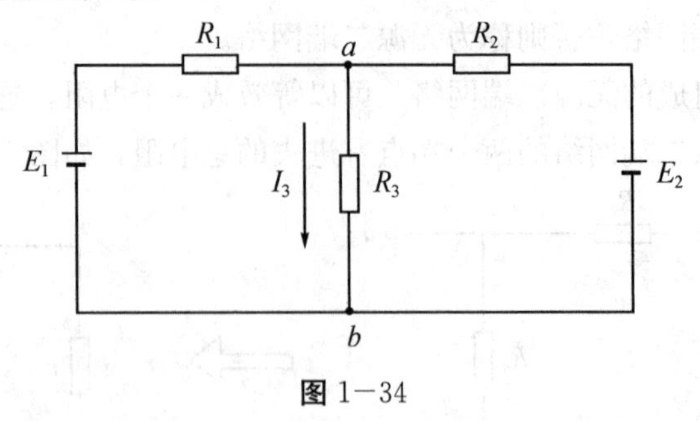

图 1－34

解：（1）将 R_3 支路从电路网络中断开，得到图 1－35(a)所示的有源网络。

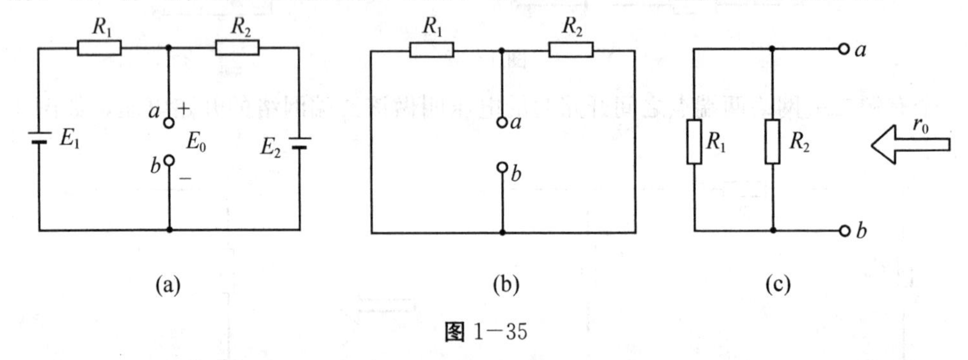

图 1－35

（2）二端网络的开路电压可以利用 KVL 和欧姆定律求解。二端网络的电流为

$$I=\frac{E_1-E_2}{R_1+R_2}=\frac{20-5}{2.5+5}\ \text{A}=2\ \text{A}$$

开路电压为

$$E_0=E_1-IR_1=20\ \text{V}-2\times2.5\ \text{V}=15\ \text{V}$$

（3）将电源短路，得到如图 1－35(b)所示的无源二端网络。分析连接方式，可以发现两个电阻是并联的，如图 1－35(c)所示，其等效电阻为

$$r_0=\frac{R_1R_2}{R_1+R_2}=\frac{2.5\times5}{2.5+5}\ \Omega\approx1.7\ \Omega$$

（4）画出戴维南等效电路，并将含有 R_3 的支路重新接入 a、b 两点之间，如图 1－36 所示，根据欧姆定律可知

$$I_3=\frac{E_0}{r_0+R_3}=\frac{15}{1.7+2}\ \text{A}\approx4.1\ \text{A}$$

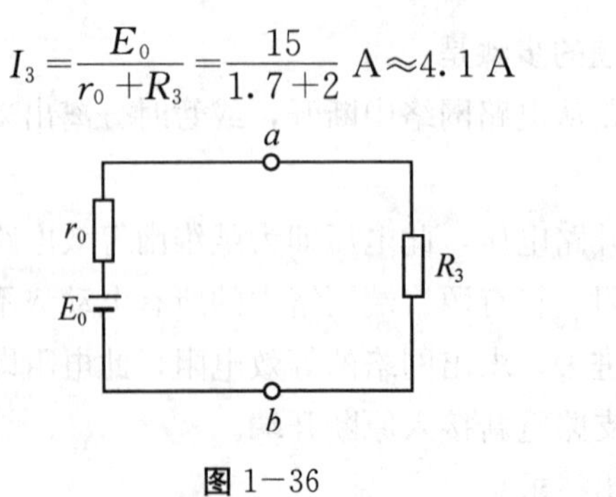

图 1－36

应用戴维南定理时需要注意的是：

（1）戴维南等效电路中电源电动势的方向要和开路电压的方向相一致。

（2）戴维南等效电路只是对外电路（要求的某一支路）而言的，对其内电路（被等效的电路）是不等效的。

（3）戴维南定理只适用于线性有源二端网络。

本章习题

一、判断题

1. 最简单的电路组成是由电源、开关、导线和用电器等组成。（　　）
2. 电荷的定向移动形成电流。（　　）
3. 电位差就是电压。（　　）
4. 电位的大小与参考点的选择无关，电压的大小则与参考点的选择有关。（　　）
5. 采用关联参考方向时，若所求的功率大于零，则元件消耗功率。（　　）

二、计算题

1. 如图 1－37 所示，求 A、B 两点的电位 U_A、U_B，以及它们之间的电压 U_{AB}。

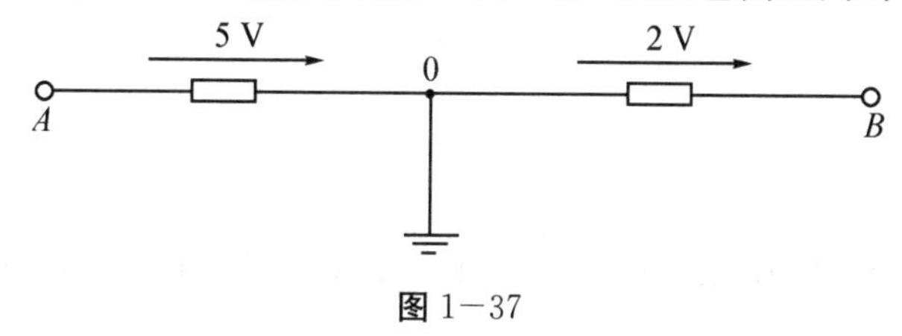

图 1－37

2. 电源的电动势为 4 V，内阻为 0.1 Ω，求外电路短路时，电路中的电流；当外电路开路时的端电压。

3. 一条金属导线，其横截面积为 0.2 mm^2，长度为 1.2 m，在其两端加上 1.2 V 的电压时，通过它的电流是 0.1 A，求导线的电阻率。

4. 现在已知有两个电阻均为 100 Ω，要如何连接才能使总电阻为 50 Ω。

5. 两个电阻串联，$R_1=3\ \Omega$，$R_2=6\ \Omega$，流过 R_1 的电流为 1 A，求串联电路两端的电压。

6. 两个电阻并联，$R_1=3\ \Omega$，$R_2=6\ \Omega$，流入并联电路中的总电流为 $I=6$ A，求通过 R_1、R_2 的电流 I_1 和 I_2。

7. 求图 1－38 所示电路中 A、B 间的等效电阻，其中，$R_1=2\ \Omega$，$R_2=1\ \Omega$，$R_3=2\ \Omega$。

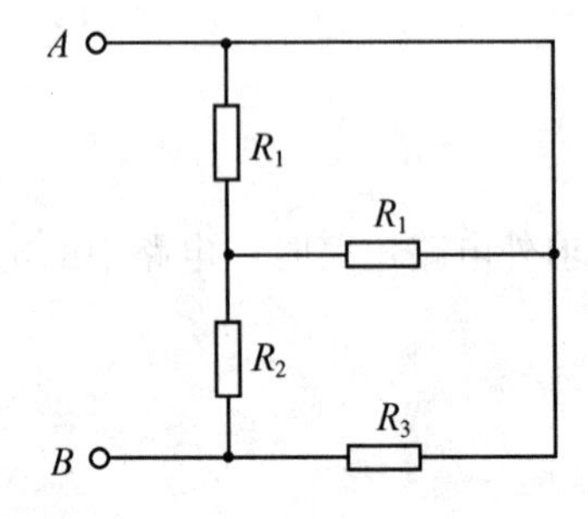

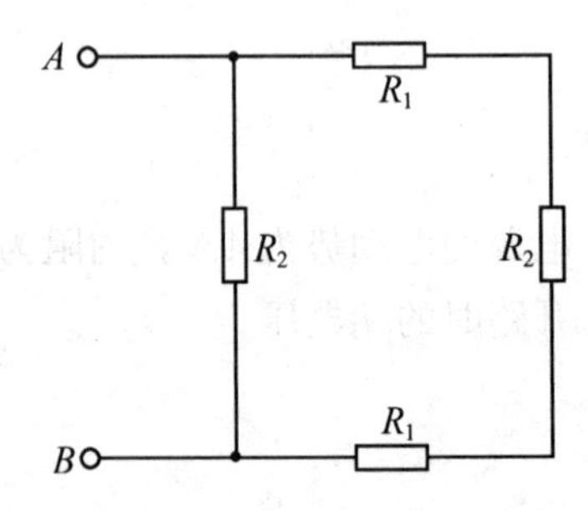

图 1－38

8. 有一额定电压为 220 V、额定功率为 100 W 的白炽灯，试求其额定电流与灯丝的电阻。

9. 一彩色电视机的额定功率为 350 W，每天工作 5 小时，每周（7 天）用多少度电？设电费为 0.7 元/度，则每周电费要多少钱？

10. 以 C 为参考点，$E_1=10$ V，$E_2=1$ V，$R_1=1$ Ω，$R_2=2$ Ω，求图 1－39 所示电路中 A、B、C、D 点的电位。

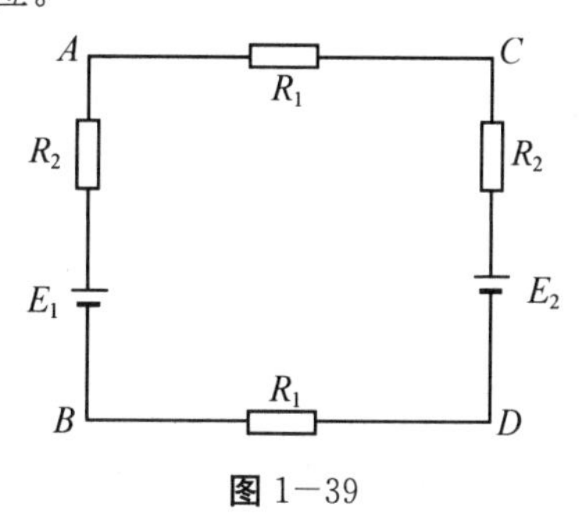

图 1－39

11. 试利用支路电流法求如图 1－40 所示电路中各支路的电流，其中 $E_1=100$ V，$E_2=80$ V，$R_1=100$ Ω，$R_2=200$ Ω，$R_3=400$ Ω。

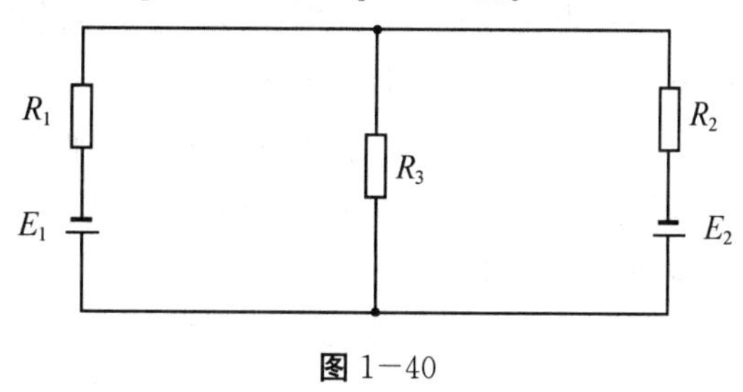

图 1－40

第二章 实训：基本电路元件使用与测量

第一节 实训一 安全电压、安全用电知识、验电笔使用

一、实验目的

（1）了解安全电压和基本的安全用电知识。

（2）掌握验电笔的使用。

二、实验设备和器材

验电笔、插线板。

三、实验原理

1. 安全电压

安全电压是指不致使人直接致死或致残的电压。一般环境条件下允许持续接触的“安全电压”是 36 V。

2. 实验室安全用电基本常识

在实验中必须注意安全，防止设备、人身事故，应注意以下方面。

（1）进入实验室，服从实验室工作人员指挥，未经工作人员允许不得随意打开实验室总电源，与本实验无关的其他仪器设备不许乱动。

（2）对电源要分清直流和交流，弄清电压数值，对直流电源还要分清正、负极性。

（3）对仪器设备要弄清规格型号、额定值，并熟悉其用法。

（4）实验电路接好并检查无误后才能接通电源。实验过程中，如电路和仪表有发热、声音、气味等异常现象，应立即切断电源并检查故障原因。

（5）实验过程中，养成不触碰金属裸露部分的良好习惯，即使在低电压情况下也不例外（大于 24 V 的电压就可能引起触电事故）以确保人身安全。

（6）作完实验后应随即断开仪表电源。

（7）在一个插座上不可接过多或功率过大的用电器。

（8）未经允许不准安装和拆卸电气设备及线路；不可用金属丝绑扎电源线；不可用湿手接触带电的电器（如开关、灯座等），更不可用湿布揩擦电器。

3. 验电笔及使用

验电笔是检验导线、电器和电气设备是否带电的一种常用工具，其结构主要由金属笔尖、大电阻、氖管（氖泡）和笔尾金属体依次相连而成，如图 2－1 所示。在使用验电笔

时，手应触及笔尾金属体，将笔尖接触被测体，若有电则氖管发光。其原理是：当手拿着验电笔测试带电体时，带电体→验电笔→人体→大地形成回路，只要带电体和大地之间存在的电位差超过 60 V 以上，验电笔就会发出光。而大电阻和氖管的电阻比人体电阻大很多，所以大部分电压加在了大电阻和氖管上，使氖管发光。它是电工常用的一种辅助安全用具。用于检查 500 V 以下导体或各种用电设备的外壳是否带电。

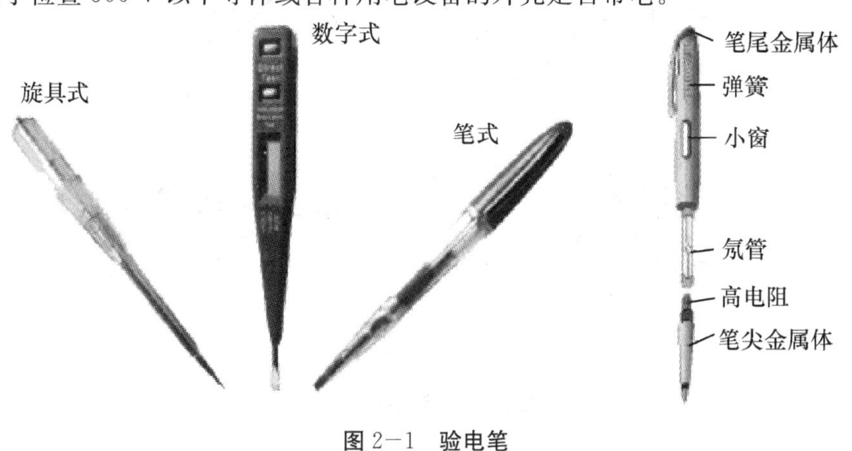

图 2－1 验电笔

四、实验内容

1. 验电笔的使用

在使用前，首先应检查一下验电笔的完好性，四大组成部分是否缺少，氖泡是否损坏，然后在有电的地方验证一下，只有确认验电笔完好后，才可使用。

2. 检查低压电气设备和线路是否带电

在使用时，手指接触笔尾金属体，笔尖金属探头接触带电设备（注意不要用湿手去验电，不要用手接触笔尖金属探头），如果氖管发光，则此设备带电。

3. 区分相线与零线

通常氖泡发光者为火线，不亮者为零线；但中性点发生位移时要注意：此时，零线同样也会使氖泡发光。

4. 判断是交流电还是直流电

对于交流电通过氖泡时，氖泡两极均发光，直流电通过的，仅有一个电极附近发亮。

5. 判断电压高低

氖泡暗红轻微亮时，电压低；氖泡发黄红色，亮度强时电压高。

使用验电笔时注意以下几点：

（1）被测电压不得高于验电笔的标称电压值。

（2）使用验电笔前，首先要检查验电笔内有无安全电阻，然后试测某已知带电物体，看氖管能否正常发光，检查无误后方可使用。

（3）在光线明亮的场所使用验电笔时，应注意遮光，防止因光线太强看不清氖管是否发光而造成误判。

（4）多数验电笔前端金属体都制成旋具状，在用它拧螺钉时不要用力过猛，以防损坏。

6. 验电笔的握法（见图 2-2）

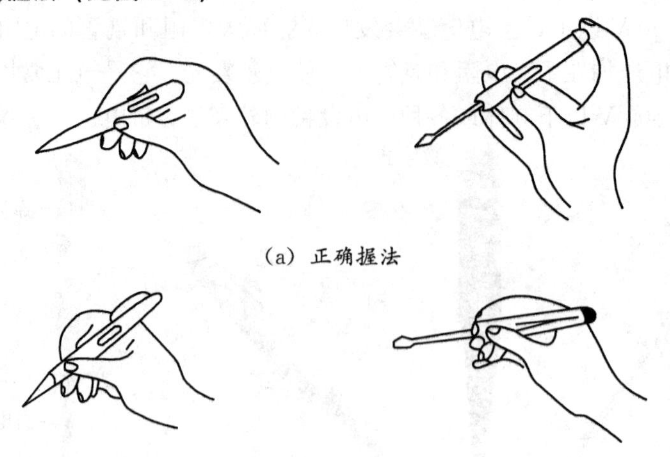

(a) 正确握法

(b) 不正确握法

图 2-2　验电笔的握法

第二节　实训二　电阻的色环与标称值认识

一、实验目的

(1) 了解色环电阻各种颜色代表的意义。

(1) 掌握识别色环电阻的标称值与精度。

二、实验器材

色环电阻（若干）。

三、实验原理

电阻器的标称值和偏差一般都标在电阻体上，常用的有数值表示法、色标法。色标法一般用四个或五个色环来表示一般的电阻值和偏差。色环代表的意义见表 2-1。

表 2-1　固定电阻色环的识读

	银	金	黑	棕	红	橙	黄	绿	蓝	紫	灰	白	无
有效数字	—	—	0	1	2	3	4	5	6	7	8	9	—
数量级	10^{-2}	10^{-1}	10^{0}	10^{1}	10^{2}	10^{3}	10^{4}	10^{5}	10^{6}	10^{7}	10^{8}	10^{9}	—
允许偏差（%）	±10	±5	—	±1	±2	—	—	±0.5	±0.25	±0.1	—	+50 −20	±20

四色环电阻第一、二环分别代表两位有效数的阻值，第三环代表倍率（乘以 10 的 n

次方或 0 的个数），第四环代表误差，如图 2－3 所示，四条色环依次为黄、紫、棕、金，则该电阻器的标称阻值为 $47\times10^1\ \Omega=470\ \Omega$。

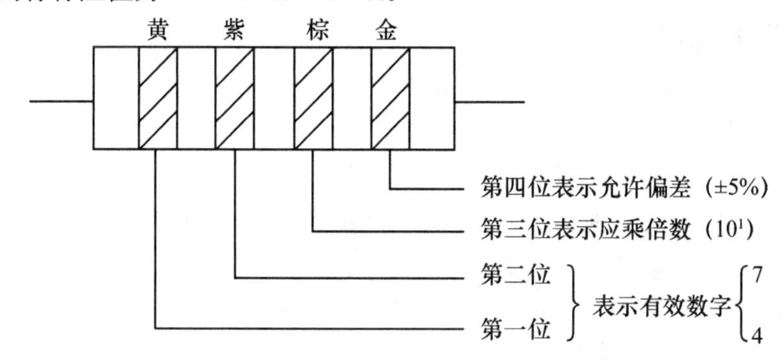

图 2－3　四色环电阻的色标法标称阻值

再如：一个电阻有四个色环，其颜色分别是棕、红、棕、金，则它的阻值为 $12\times10^1\ \Omega=120\ \Omega$，误差为 ±5％。

普通电阻器采用四色环表示法，而精密电阻器常用五色环表示法。这五条色环的含义是：第一、第二、第三条为有效数字色环，第四条为应乘倍数色环，第五条为允许偏差色环。如图 2－4 所示。

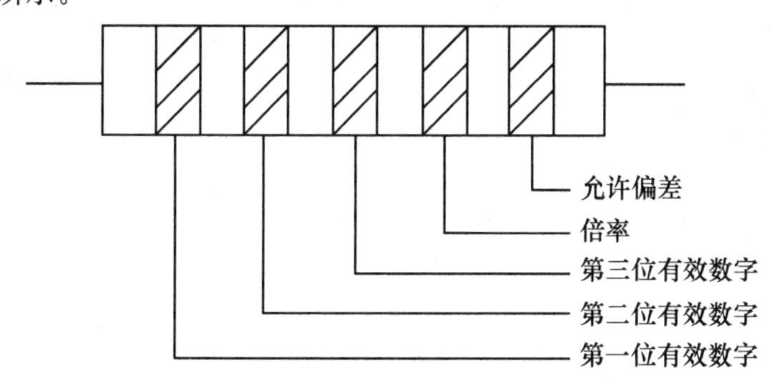

图 2－4　五色环电阻的色标法标称阻值

例如：一个电阻有五个色环，其颜色分别是绿、棕、红、棕、银，则它的阻值为 $512\times10^1\ \Omega=5120\ \Omega$，误差为 ±10％。

四、实验内容

1. 判定色环电阻的环数，判定出第一环（第一位有效数字）和最后一环（误差）

可以用以下方法进行判断：

（1）色环比较靠近电阻器一端引脚的为第一环。

（2）四色环电阻为普通型电阻器，从标称阻值系列表可知，其只有三种系列，允许偏差为 ±5％、±10％、20％，所对应的色环为：金色、银色、无色。而金色、银色、无色这三种颜色没有有效数字，所以：金色、银色、无色作为四色环电阻器的偏差色环，即为最后一条色环（金色，银色除作偏差色环外，可作为乘数）。

（3）若是五色环电阻，表示电阻器标称阻值的那四条环之间的间隔距离一般为等距离，而表示偏差的色环（即最后一条色环）一般与第四条色环的间隔比较大，以此判断那一条为最后一条色环。

2. 据色环表示的意义读出色环电阻的标称值和误差

3. 电阻器额定功率的识别

额定功率是指电阻器在直流或交流电路中，在一定大气压力和温度下，长期连续工作所允许承受的最大功率。

功率较小的电阻器一般不在电阻器表面标示额定功率，可根据其外形尺寸，查阅相关手册。功率较大的电阻器一般在电阻器表面用阿拉伯数字直接标注。额定功率的单位是瓦（W），在电路中表示电阻器额定功率的图形符号如图 2-5 所示。

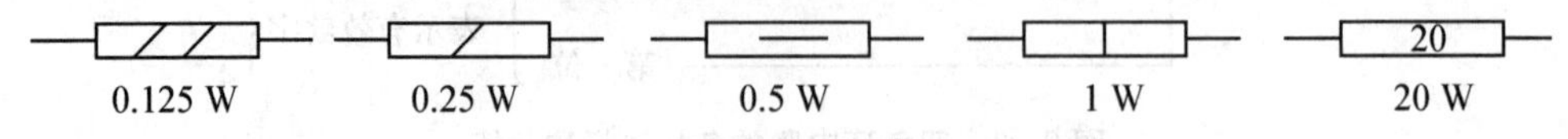

图 2-5　电阻器额定功率的图形符号

电阻器在电路中的消耗功率应小于该电阻的额定功率。其计算公式为 $P=IU$ 或 $P=U^2/R$ 或 $P=I^2R$。

4. 写出表 2-2 中色环电阻的标称值与精度等结果

表 2-2　电阻的色标法标称阻值及允许偏差的转换

由色标法写出电阻阻值及偏差		由电阻阻值及偏差写出色标表示法	
电阻色环	电阻值（Ω）	电阻阻值及偏差	电阻色环
红黑黄银		1.2 Ω±5%	
白黑橙金		470kΩ±5%	
橙蓝黑金		0.1 Ω±1%	
绿棕金金		75 Ω±10%	
黄紫棕金		27kΩ±10%	
红红红银		180 Ω±10%	
棕绿黑		15MΩ±5%	
红黑棕灰银		36kΩ±5%	

第三节　实训三　电阻的安装及电烙铁的使用

一、实验目的

(1) 掌握电阻的卧式、立式安装。

(2) 掌握电烙铁的使用方法。

二、实验器材

电阻、电路板、电烙铁、焊锡丝、烙铁架、松香、镊子、斜口钳、去锡器。

三、实验原理

1. 电阻的安装方法简介

1）去除氧化层

元件经过长期存放，会在元件引脚表面形成氧化层，不但使元件难以焊接，而且影响焊接质量，因此当元件表面存在氧化层时，应首先清除元件引脚表面的氧化层。注意用力不能过猛，以免使元件引脚受伤或折断。

放在塑料袋中的元器件，由于比较干燥，一般比较好焊，如果发现不易焊接，就必须先去除氧化层。去除氧化层方法如图 2－6 所示。

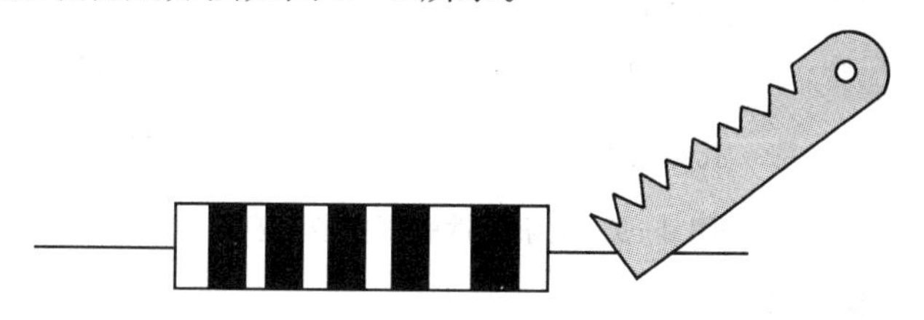

图 2－6 去除氧化层方法

2）电阻引脚成型及元件插装

（1）电阻引脚成型：

左手用镊子紧靠电阻的本体，夹紧元件的引脚，如图 2－7 所示，使引脚的弯折处距离元件的本体有 2 mm 以上的间隙。左手夹紧镊子，右手食指将引脚弯成直角。注意：不能紧贴元件本体进行弯制，否则引脚的根部在弯制过程中容易受力而损坏，如图 2－8 所示。元件弯制后的形状如图 2－9 所示。引脚之间的距离，根据线路板孔距而定，引脚修剪后的长度大约为 8 mm。如果孔距较小，元件较大，应将引脚往回弯折成形，如图 2－9（b）、(c)所示；或弯折成图 2－9（e）所示形状用于立式安装。

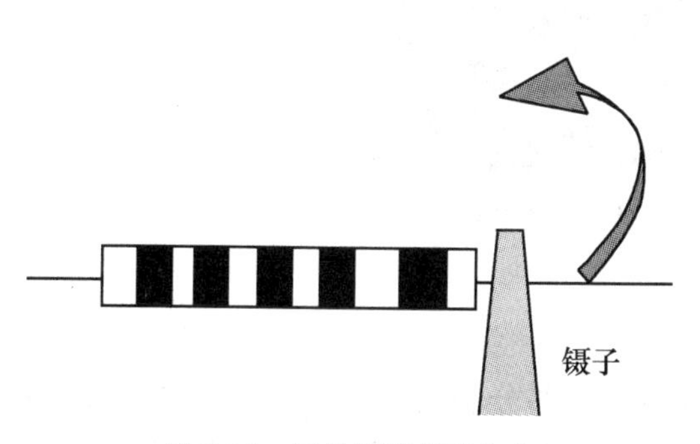

图 2－7 元件引脚成型方法

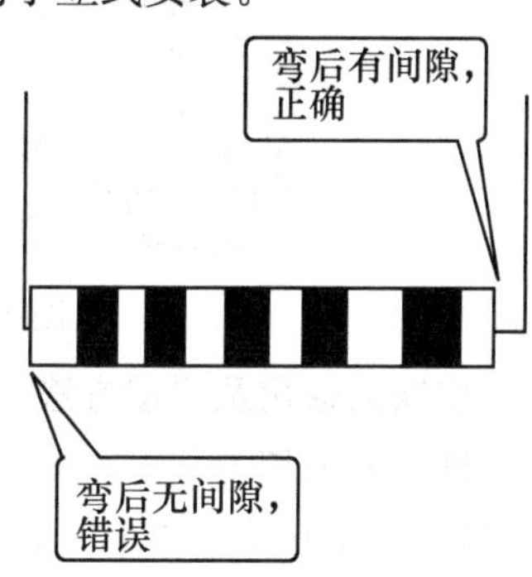

图 2－8 元件引脚成型效果

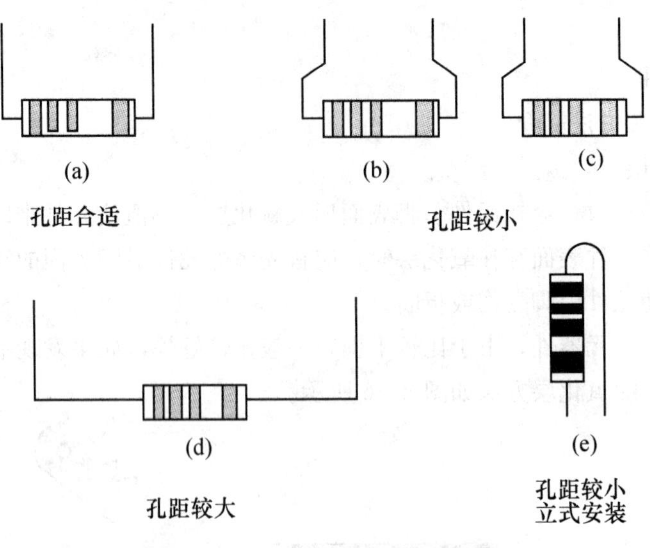

图 2-9　电子元件引脚成型示意图

（2）元件插装基本要求：

①插装时不能用力过大，以免损坏元器件。

②插装时不能碰掉元件上的标识。

③不能把元器件的引脚压弯，以免影响下一道工序（焊接）的质量。

④元器件的底部与印刷电路板之间的距离在 0.1 mm～1.5 mm。

⑤立式插装时，引脚的金属部分与印刷电路板之间的高度在 1.5 mm～4 mm。

⑥元器件进行卧式插装时，元器件应尽量靠近印刷电路板，以使元件稳固。如图2－10所示。

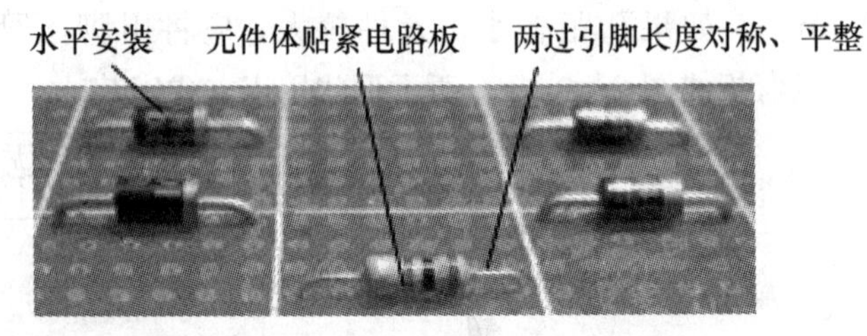

图 2－10　电子元件的卧式安装

2. 电烙铁的使用及焊接方法

1）电烙铁的使用

电烙铁是手工焊接的主要工具。其结构的主要部分是烙铁头（传热元件）和烙铁芯（发热元件）。烙铁头由导热性良好且容易沾锡的紫铜做成。烙铁芯是将电阻丝绕制在云母或瓷管绝缘筒上制成，通电后烙铁头由烙铁芯加热。

根据电烙铁的结构相传热方式的不同，可分为外热式、内热式和速热式三种。这里只介绍前两种。

外热式：外热式电烙铁的结构如图 2－11 所示，它是将烙铁头插装在烙铁芯的圆筒孔内加热，因而热量损失比较大，热效率低，发热慢。

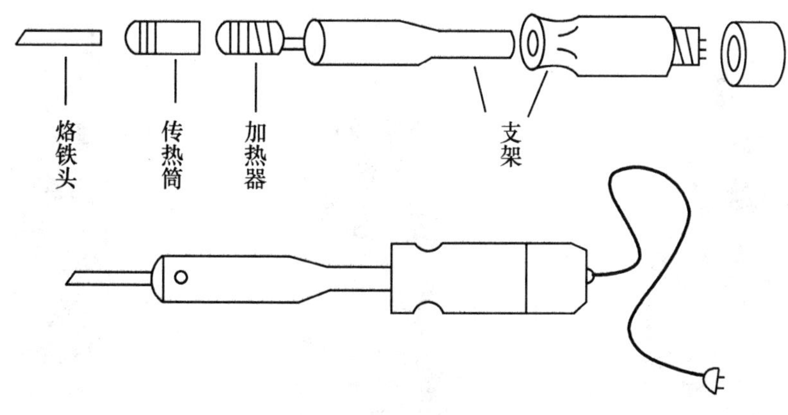

图 2－11　外热式电烙铁

内热式：内热式电烙铁的结构如图 2－12 所示，它是将烙铁头套装在烙铁芯外面，因而热量损失小，效率高，发热快。但内热式电烙铁发热元件的电热丝和瓷管都比较细，机械强度差，因而容易烧断，使用时应注意防止跌落摔损。

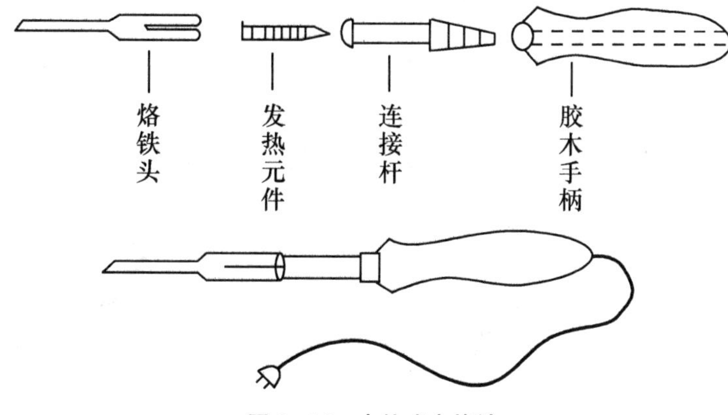

图 2－12　内热式电烙铁

电烙铁加热后，将烙铁头放至焊锡上轻擦，使烙铁头均匀地涂上一层光亮的锡（称为上锡）。此后烙铁便可用来进行焊接了。

2）焊接方法

（1）电烙铁的握法：为了人体安全，一般烙铁离开鼻子的距离通常以 30 cm 为宜。电烙铁握法有：反握、正握、握笔三种，如图 2－13 所示。反握法动作稳定，长时间操作不宜疲劳，适合于大功率烙铁的操作。正握法适合于中等功率烙铁或带弯头电烙铁的操作。在工作台上焊印制板等焊件时，多采用握笔法。

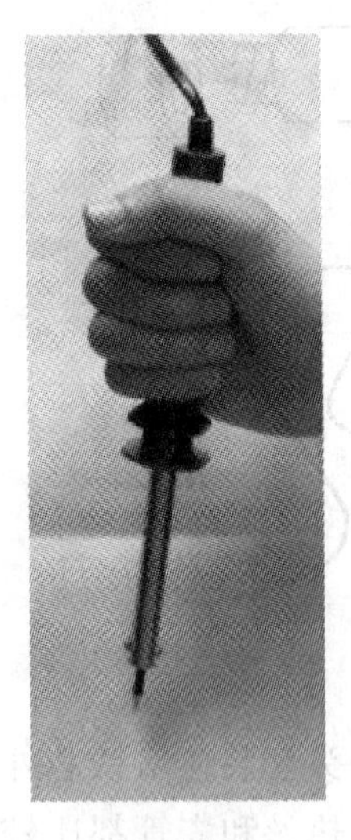

(a)反握法

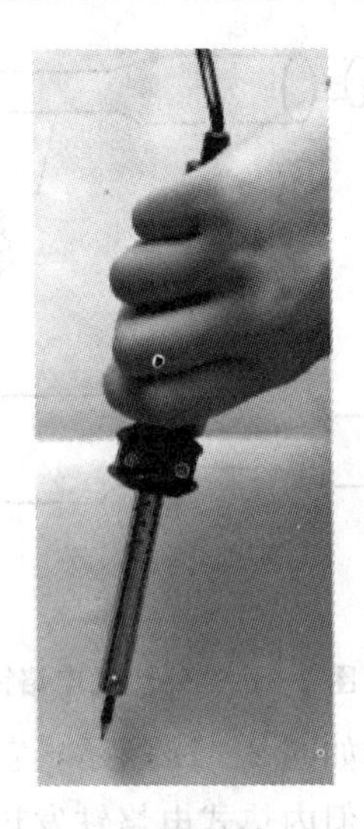

(b)正握法

(c)握笔式握法

图 2－13 电烙铁的握法

（2）焊锡的基本拿法：焊锡丝一般有两种拿法。焊接时，一般左手拿焊锡，右手拿电烙铁。进行连续焊接时采用图 2－14(a)的拿法，这种拿法可以连续向前送焊锡丝。图 2－14(b)所示的拿法在只焊接几个焊点或断续焊接时适用，不适合连续焊接。

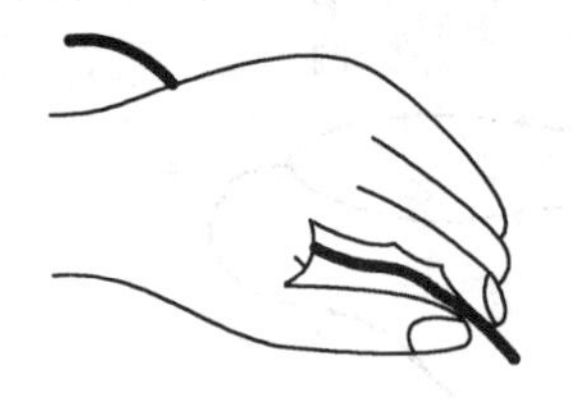

(a) 连续焊接时

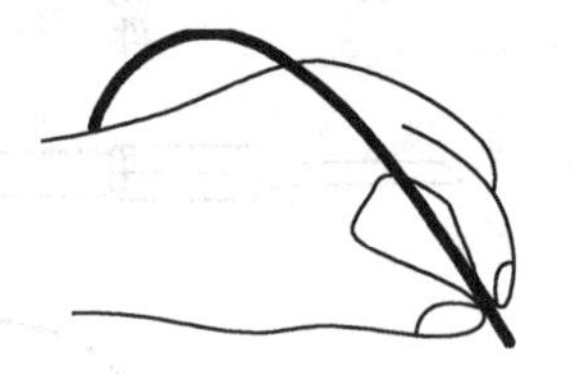

(b) 只焊几个焊点时

图 2－14 焊锡的基本拿法

3．焊接步骤

（1）准备施焊：烙铁头和焊锡靠近被焊工件并认准位置，处于随时可以焊接的状态，此时保持烙铁头干净可沾上焊锡。

（2）加热焊件：加热被焊件引线及焊盘，加热时要保证被焊件引线和印刷板焊盘同时受热。因此，电烙铁头要沿 45°左右方向紧贴被焊件引线并与焊盘紧密接触。

（3）熔化焊锡：将焊锡丝放在工件上，熔化适量的焊锡，在送焊锡过程中，可先将焊锡接触烙铁头，然后移动焊锡至与烙铁头相对的位置，与焊盘呈 45°左右，仔细观察焊点的形成过程，控制送锡量。这样做有利于焊锡的熔化和热量的传导。此时注意焊锡一定要润湿被焊工件表面和整个焊盘。

（4）移开焊锡丝：待焊锡充满焊盘后，迅速拿开焊锡丝，待焊锡用量达到要求后，应立即将焊锡丝沿着元件引线的方向向上提起焊锡。焊锡丝与焊盘始终成 45°角。

（5）移开烙铁：焊锡的扩展范围达到要求后，拿开烙铁。注意：烙铁移开时要先慢后快，否则焊点容易形成毛刺，烙铁移开的方向与焊盘之间也应呈 45°左右。

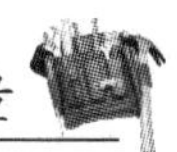

焊接时不可将烙铁头在焊点上来回移动或用力下压，要想焊得快焊得好，应加大烙铁和焊点的接触面，增大传热面积。

需要注意的是：温度过低，烙铁与焊接点触时间太短，热量供应不足，焊点表面不光滑，结晶粗脆，像豆腐渣一样，那就不牢固，形成虚焊和假焊。反之焊锡易流散，使焊点锡量不足，也容易不牢，还可能出现烫坏电子元件及印刷电路板。总之焊锡量要适中，即将焊点零件脚全部浸没，其轮廓又隐约可见。焊接质量状况如图 2－15 所示。

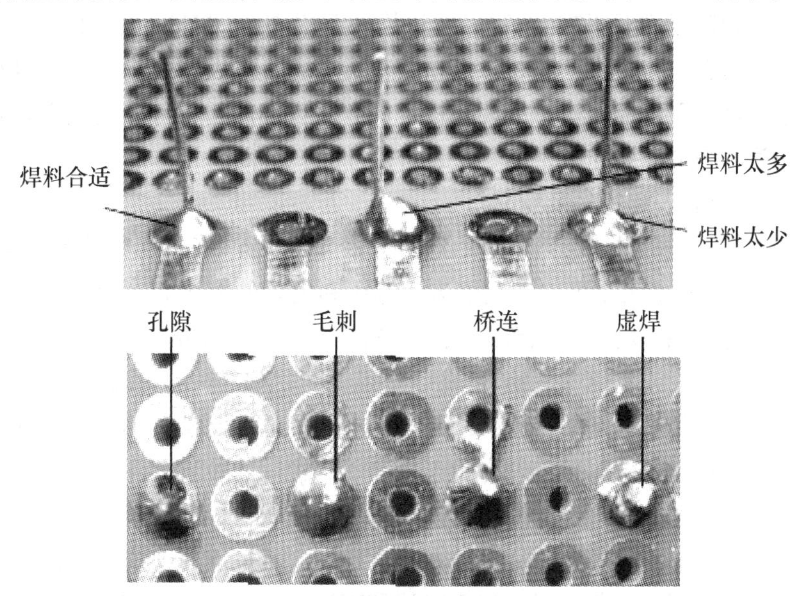

图 2－15　焊接质量状况

四、实验内容

将电阻整形，装配到电路板并进行焊接。

第四节　实训四　指针式万用表及使用

一、实验目的

（1）熟悉指针式万用表功能。

（2）掌握用万用表测电阻的方法。

二、实验设备和元件

万用表；阻值为几欧、几十欧、几千欧的电阻各一个。

三、实验原理

1. 万用表简介

万用表又称三用表、多用表或复用表，是一种多功能、多量程的测量仪表。可以测量电压、电流、电阻和音频电平等电学量，有些万用表还可以测电容量、电感量、晶体管的放大倍数等参数。万用表还常用来检查电路和元件的通断情况。

万用表可分为模拟式万用表（VOM）和数字万用表（DMM）。这里只介绍指针式万用表即模拟式万用表，指针式万用表即以指针偏转角大小来表示被测量大小的万用表。

各种型号的万用表面板结构不完全一样，但有几种部件是各种万用表必须具备的，即表盘、转换开关、表笔插孔和欧姆档零位调节旋钮。

2. 指针式万用表表盘符号及意义

万用表的表头是灵敏电流计。表头上的表盘印有多种符号、刻度线和数值。符号“A—V—Ω”表示这只电表是可以测量电流、电压和电阻的多用表。表盘上印有多条刻度线，其中右端标有“Ω”的是电阻刻度线，其右端为“0”，左端为“∞”，刻度值分布是不均匀的。符号“－”或“DC”表示直流；“～”或“AC”表示交流；“≃”表示交流和直流共用的刻度线。刻度线下的几行数字是与选择开关的不同档位相对应的刻度值。

表头上还设有机械零位调整旋钮，位于表盘下部中间的位置，用以校正指针在左端指零位。

MF500－B型万用表有五条刻度线。从上往下数，第一条刻度线是测量电阻时读取电阻值的欧姆刻度线。第二条刻度线是用于交流和直流的电流、电压读数的共用刻度线。第三条刻度线是测量10 V以下交流电压的专用刻度线。第四条刻度线是测量10 A以下交流电流专用刻度线。第五刻度线是测量音频电平（Audiolevel）量程为－10 dB～＋22 dB。万用表常用表盘符号及意义见图2－16及表2－3所示。

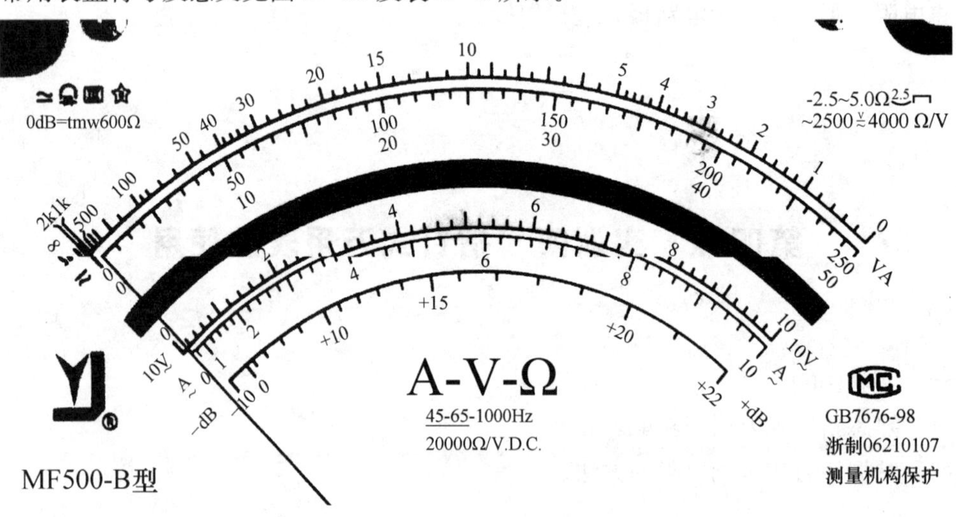

图2－16　MF500－B型指针式万用表表盘

表 2－3　MF500－B 型指针式万用表表盘符号及意义

符号或字母	意　　义	特　　点
Ω	专供测电阻的标尺	刻度不均匀，且反向（右侧为 0，左侧为∞）
≃	供测交直流电压，交直流电流用的公用标尺	均匀刻度，50 格等分度标尺
10 V	专供测交流低电压 10 V 以下用的标尺	非均匀刻度
10 A	专供测交流低电流 10 A 以下用的标尺	非均匀刻度
dB	电平标尺，即以分贝（dB）为单位测量电路增益或衰减的标尺	左侧为－10，右侧为＋22

3. 万用表的正确使用

1）万用表测量直流电压（以测量 1.5 V 的直流电源电压为例）

（1）选择量程：万用表直流电压档标有“V”，有 2.5 V、10 V、50 V、250 V 和500 V 五个量程。根据电路中电源电压大小选择量程。由于电源电压只有 1.5 V，所以选用2.5 V 或 10 V 档。若不清楚电压大小，应先用最高电压档测量，逐渐换用低电压档。量程的选择应使电压、电流档指针移动到满刻度的 2/3 附近。

（2）测量方法：万用表应与被测电路并联。红表笔应接被测电路和电源正极相接处，黑表笔应接被测电路和电源负极相接处。

（3）正确读数：仔细观察表盘，直流电压档刻度线是第二条刻度线，用 10 V 档时，可用刻度线下第三行数字直接读出被测电压值。注意：读数时视线应正对指针（指针与镜片中影子重合）。

读数方法：若量程档为 1 V，则意指满量程为 1 V，刻度线上共 10 格，即每格为 0.1 V；若量程档为 2.5 V，则意指满量程为 2.5 V，即每格为 0.25 V；依次类推。

注意： 若万用表反接，则会造成指针反偏，损坏表针。

2）万用表测量交流电压（以测量电源插座电压为例）

测量交流电压的方法和测量直流电压的方法相似，所不同的是交流电没有正、负之分，所以测量交流时，表笔也无需分正、负。读数方法也和直流一样，只是数字应看标有交流符号“～”或“AC”的刻度线上的指针位置。

（1）选择量程：将万用表置于标有“$\underset{\sim}{V}$”的交流电压档。因被测电压为 220 V，所以选择 250 V 档。若不清楚电压大小，应先用最高电压档测量，逐渐换用低电压档。

（2）测量方法：万用表两表笔接到所要测量的电压两端即可。

（3）正确读数：读法和直流电压一样。

3）万用表测量直流电流

（1）选择量程：万用表直流电流档标有“mA”，有 1 mA、10 mA、50 mA、100 mA 四档量程。选择量程应根据电路中的电流大小。如不知电流大小，应选用最大量程，再逐渐减小。

（2）测量方法：万用表应与被测电路串联。应将电路相应部分断开后，将万用表表笔接在断点的两端。红表笔应接在断开处的高电位断点，黑表笔接在断开处的低电位断点。

（3）正确读数：直流电流档刻度线仍为第二条。

4）万用表测量电阻（以测量试验电路中指示灯阻值为例）

（1）将转换开关置于欧姆档“Ω”，再选择合适的倍率档，倍率档的选择以使指针停留在刻度线2/3为宜。

（2）欧姆调零：将两表笔短接，同时转动“调零旋钮”，使指针指在欧姆刻度线右边的零位。

（3）将两表笔放在指示灯两端进行测量。

（4）读数：刻度线指示的值×倍率值＝电阻值。

4．测电阻时的注意事项

（1）倍率的选择，应使指针尽量靠近刻线2/3处附近。

（2）测量前应先将两表笔短路，再调节调零器，使指针指在零欧姆位置。每次换档后都应重新调零。

（3）严禁在被测电阻带电的状态下测量，测量电路中的电阻时，应断开一端再测量。

（4）测电阻时，尤其是大电阻，不能两手同时接触电阻引线和两个表笔。

5．使用万用表应注意以下几点

（1）使用前必须了解转换开关的功能。

（2）对于模拟式万用表，必须先调准指针的机械零点。

（3）使用万用表测量时，必须正确选择参数档和量程档，同时应注意表笔的正、负极性。

（4）在进行高电压测量时，必须注意人身和仪表的安全，严禁带电切换开关。

（5）万用表在使用时，要注意到避免外界磁场对万用表的影响。

（6）测量结束后，应将转换开关置于空挡或交流电压最高档，以防下次测量时由于疏忽而损坏万用表。长期不用时，应把电池取出，以防电池变质漏液而腐蚀其他元件。

四、实验内容

（1）选择合适的电阻档位，调零，测出电阻的阻值大小。

（2）将色环电阻的标称阻值与万用表实测阻值进行比较，并将结果记入表2－4。

表2－4　指针式万用表测量电阻阻值

电阻标称阻值及偏差		用万用表测量结果	
电阻色环	标称阻值（Ω）	实测阻值（Ω）	结果比较

第五节　实训五　数字万用表及使用

一、实验目的

（1）熟悉数字式万用表功能。

（2）掌握用数字式万用表测电阻。

二、实验器材

数字式万用表、各种电阻。

三、实验原理

与模拟式万用表相比，数字式万用表灵敏度高，准确度高，显示清晰，过载能力强，便于携带，使用更简单。DT9205A 型数字万用表的面板如图 2－17 所示。数字万用表主要有两大部分组成：第一部分是输入与变换部分；第二部分是测量与显示部分，即数字表头。数字万用表在测量时，必须先将各种被测量变换成电压量后再进行测量。输入与变换部分的主要作用就是完成这个过程。数字表头的作用相当于数字电压表，即完成对直流电压的测量与显示。当然，就性能等方面来说，数字表头远不及数字电压表。目前，数字表头一般都是由专用的大规模集成电路构成。

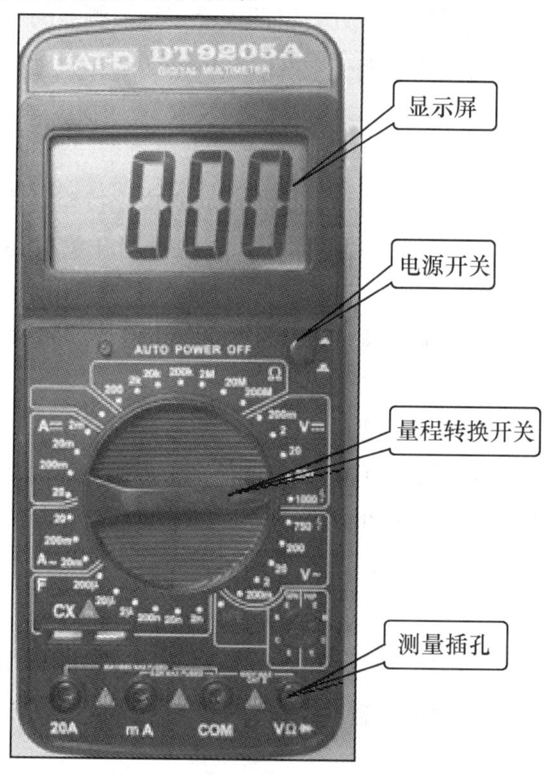

图 2－17　DT9205A 型数字万用表的面板图

四、使用方法

使用前，熟悉电源开关、量程开关、插孔、特殊插口的作用。将电源开关置于 ON 位置。

1）交、直流电压的测量

根据需要将转换开关拨至 DCV（直流电压）或 ACV（交流电压）的合适量程，红表笔插入 V/Ω 孔，黑表笔插入 COM 孔，将表笔与被测线路并联，即显示读数。注意：选择不同的量程，其测量精度也不同。例如测量一节 1.5 V 的干电池，分别选用“2 V”、“20 V”、“200 V”量程测量，其示值为 1.552 V、1.55 V、1.6 V。可见：不能用高量程去测量小电压。

2）交、直流电流的测量

将转换开关拨至 DCA（直流电流）或 ACA（交流电流）的合适量程，红表笔插入 mA 孔（若被测电流大于 200 mA 则插入“20 A”孔内），黑表笔插入 COM 孔，将万用表串联在被测电路中即可。测量直流量时，数字万用表能自动显示极性。

3）电阻的测量

将转换开关拨至 Ω 档的合适量程。如果被测电阻值超出所选择量程的最大值，万用表将显示“1”，这时应选择更高的量程。

4）电路通、断检查

将转换开关置于标有“”符号处，将两表笔接触被测点的两端，若表内蜂鸣器发出响声，说明电路是通的，否则为不通。

五、使用注意事项

（1）如果无法预先估计被测电压或电流的大小，则应先拨至最高量程档测量一次，再视情况逐渐把量程减小到合适位置。测量完毕，应将量程开关拨到最高电压档，并关闭电源。

（2）满量程时，仪表仅在最高位显示数字“1”，其他位均消失，这时应选择更高的量程。

（3）测直流量时不必考虑正、负极性。

（4）当误用交流电压档去测量直流电压，或者误用直流电压档去测量交流电压时，显示屏将显示“000”，或低位上的数字出现跳动。

（5）禁止在测量高电压（220 V 以上）或大电流（0.5 A 以上）时换量程，以防止产生电弧，烧毁开关触点。

（6）当显示“”、“BATT”或“LOWBAT”时，表示电池电压低于工作电压。

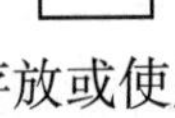

（7）仪表的存放或使用应避免高温（>40 ℃）、寒冷（<0 ℃）、阳光直射、高温度及强烈震动。

（8）交流电压档只能测量频率为 50 Hz 以下的正弦信号，读数为被测交流电压的有

效值。

（9）测量完毕，应立即关闭电源（OFF），若长期不用，应取出表内电池，以免漏液。

六、实验内容

用数字式万用表测量电阻。并将色环电阻的标称阻值与数字万用表实际测量的阻值进行比较。将结果记入表 2－5 中。

表 2－5　数字式万用表测量电阻阻值

电阻标称阻值及偏差		用万用表测量结果	
电阻色环	标称阻值（Ω）	实测阻值（Ω）	结果比较

第六节　实训六　直流稳压电源使用及用万用表测量直流电压、电流

一、实训目的

（1）掌握万用表测量直流电压、直流电流的方法。

（2）掌握直流稳压电源的使用方法。

二、实训仪器和器材

（1）万用表（数字式或指针式）。

（2）直流稳压电源（型号：RXN－305 A）。

（3）交流电源插座。

（4）10 kΩ、100 kΩ 电阻。

三、实训原理

直流稳压电源是将交流电压、电流转变为直流电压、电流的设备。RXN－305A 直流稳压电源如图 2－18 所示。

打开电源开关，调节电压、电流旋钮，可从表头上读到电压、电流的设定值。

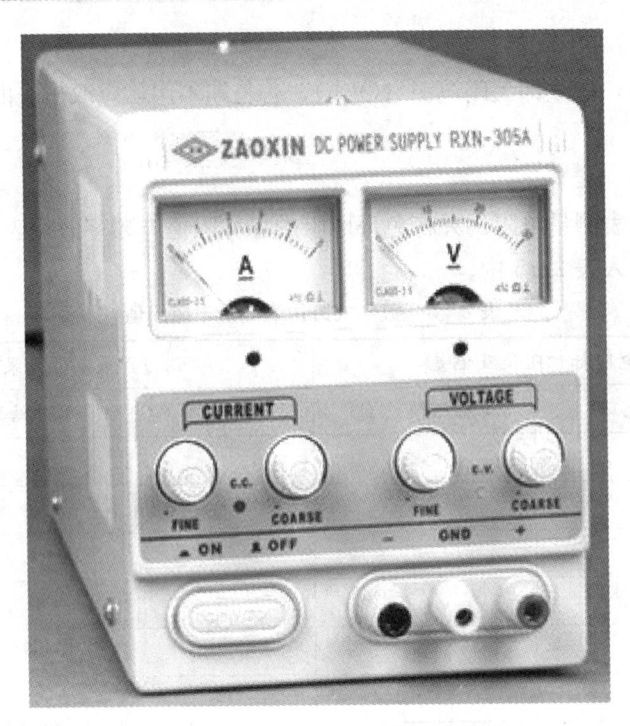

图 2－18　RXN－305A 直流稳压电源

四、实验内容

1．直流电压测量

（1）将万用表置于直流电压档，红表笔接直流稳压电源“＋”端（红色插孔），黑表笔接直流稳压电源“GND”（黄色插孔），读出万用表的指示值。

（2）将万用表的指示值与直流稳压电源电压表头指示值对比。并将结果记入表 2－6中。

表 2－6　直流电压测量

稳压电源电压（U_1）	万用表实测电压（U_2）	对比（$\Delta U=U_1-U_2$）
5 V		
10 V		
15 V		
20 V		
25 V		

2．直流电流测量

（1）将万用表置于直流电流档，红表笔分别经过 10 kΩ、100 kΩ 电阻接直流稳压电源“＋”端（红色插孔），黑表笔接直流稳压电源“GND”（黄色插孔），读出万用表的指示值。

（2）将万用表的指示值与直流稳压电源电流表头指示值对比。并将结果记入表

2−7中。

表 2−7　直流电流测量

	串接 10 kΩ 电阻				串接 100 kΩ 电阻			
稳压电源电流 I_1（mA）								
万用表实测电流 I_2（mA）								
对比（$\Delta I=I_2-I_1$）（mA）								

第七节　大型作业实训　指针式万用表安装与调试

一、实验目的

（1）熟悉指针式万用表的原理。

（2）学会指针式万用表套件的装配、焊接及调试。

（3）能阅读模拟式万用表的电路图。

（4）能识读、测试模拟式万用表组装元器件。

（5）能正确使用常用电子工具。

二、实验器材

万用表装配套件、电烙铁、焊锡丝、去锡器、镊子、斜口钳、改刀等。

三、工作任务及安装要求

指针式万用表主要由测量机构（表头），测量线路和转换开关三部分组成。面板上装有表头的表盘、转换开关、电阻测量档的调零旋钮以及多个插孔等。

万用表由机械部分、显示部分、电器部分三大部分组成，机械部分包括外壳、档位开关旋钮及电刷等部分；显示部分是表头；电器部分由测量线路板、电位器、电阻、二极管、电容等部分组成。本项目的主要任务就是装接 MF50 模拟式万用表。图 2−19 所示为 MF50 型万用表的实物图。

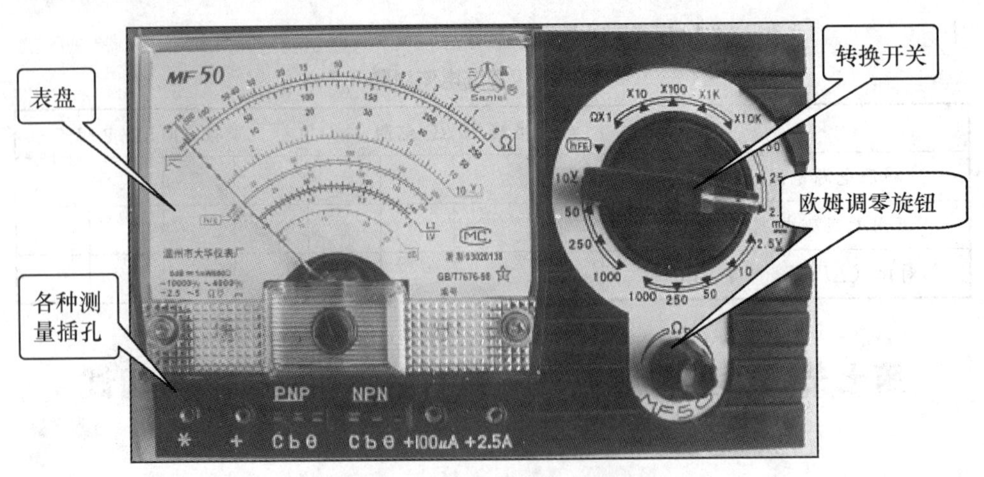

图 2－19　MF50 型万用表

万用表的安装要求：

(1) 万用表体积小，装配工艺要求高，首先要严格按照装配图，参照电路原理图，准确无误地接好线。

(2) 各元件布局要合理，排列要整齐。电阻、电容、二极管的标识要向外，便于检查与修理。

(3) 布线要合理、美观、整齐、长度适中，引线沿底壳尽量走直线、拐直角。不能妨碍其转换开关的转动。

(4) 焊点大小要适中、光亮、美观，不允许有毛刺、虚焊、漏焊、连焊。

四、电路的组成及工作原理

1. 表头

表头是万用表的主要元件，常采用高灵敏度的磁电式直流微安表。表头灵敏度是指表头从标度尺零点偏转到满刻度时所通过的电流，其满刻度偏转所需电流一般为几微安到几百毫安。电流越小，灵敏度越高。

表头的表盘上刻有各种测量所需要的标度尺。MF50 型万用表的表盘如图 2－20 所示。

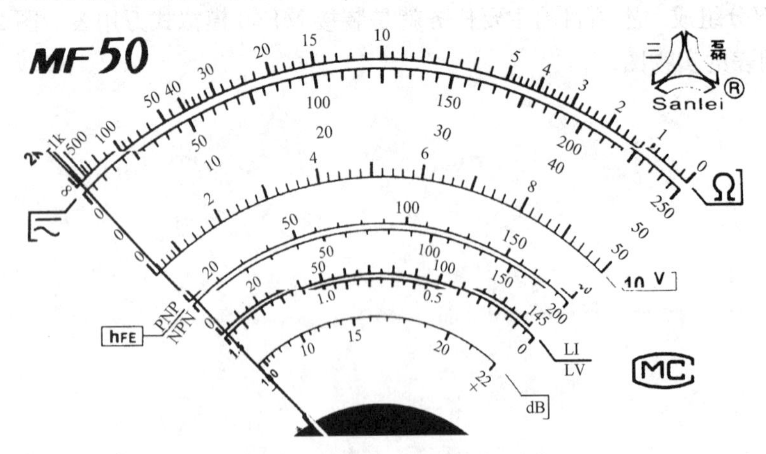

图 2－20　MF50 型万用表表盘

2. **测量电路**

万用表只有一个表头，但具有多种量程，联系这二者之间的桥梁是测量线路，通过测量线路把被测量的值转换成磁电表能接受的直流电流。一只万用表它的测量范围越广，其测量线路就越复杂。测量电路中的元件，大多是精密的线绕电阻、金属膜电阻，可变电阻以及整流二极管等元件。

3. **转换开关**

转换开关是一种切换元件，它可以用来选择所需的测量项目和同一项目中的不同量程。转换开关由多个固定接触点和活动接触点组成，当固定接触点与活动接触点接触时，就可以接通电路。活动接触点称“刀”，固定接触点称“掷”，选择刀的位置就可以使某些活动与固定接点接触，从而达到选择不同量程的目的。万用表大多是单层多刀和十几个掷组成的结构，在各刀之间是相互同步联动的。MF50 型万用表有十八个固定接触点（掷），七个活动接触点（刀）。转换开关如图 2－21 所示。

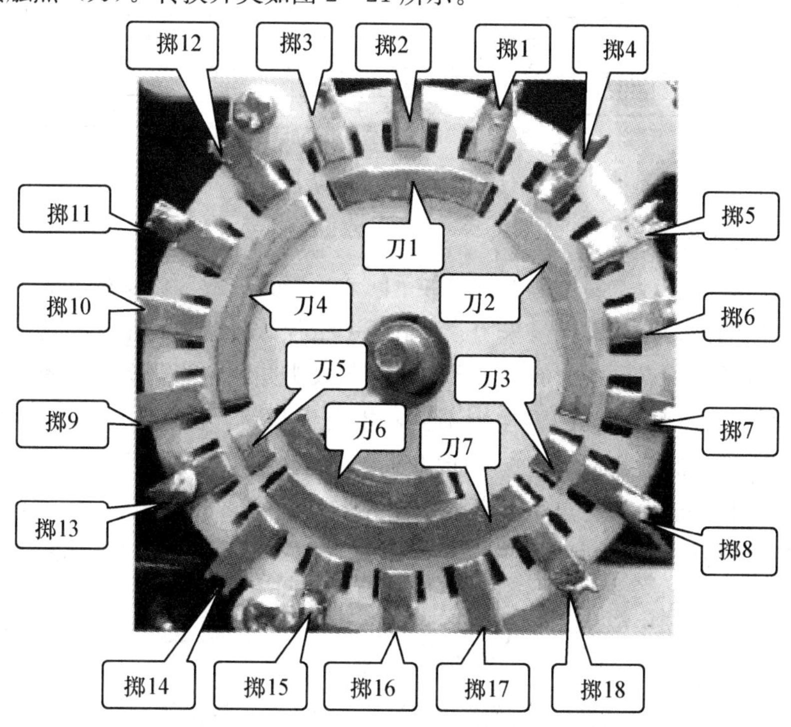

图 2－21　MF50 型万用表转换开关

4. **工作原理**

MF50 型万用表的电路原理如图 2－22 所示。

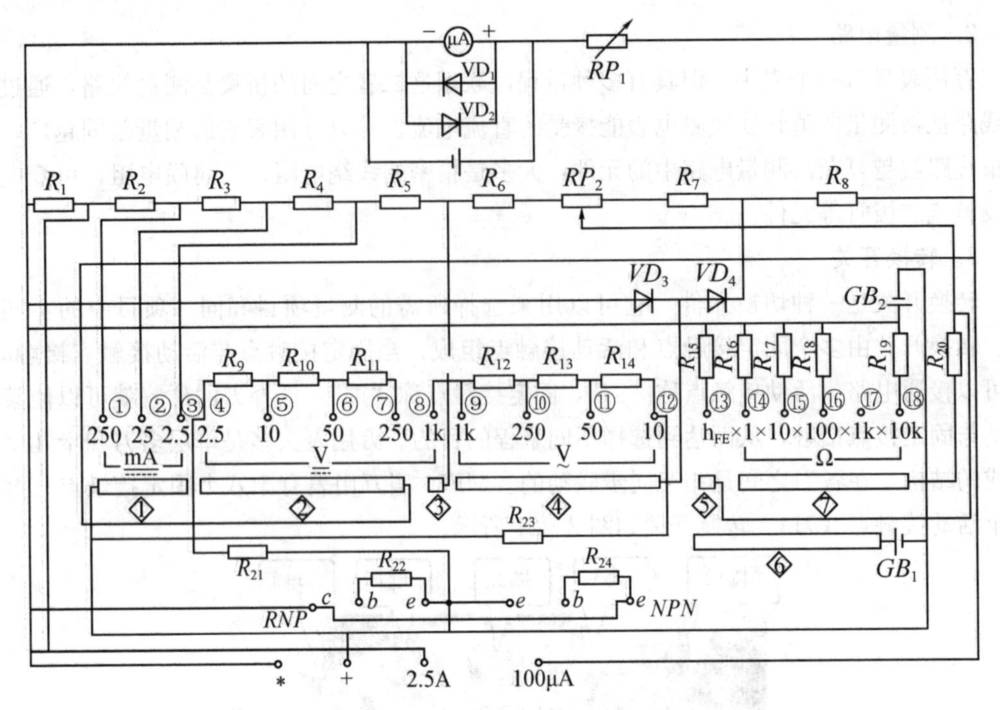

图 2－22　MF50 型万用表原理图

1）直流电流档电路

万用表电流档的设计主要考虑多量程测量问题。表头一般为微安级的灵敏电流表，要解决测量大电流的问题，关键就是采用分流器。多量程分流器有开路式和闭路式两种。

开路式分流器的特点是各分流电阻可以单独与表头并联，当开关接触不良时，会增加分流器的阻值，如果切换开关严重接触不良，相当于开路，被测电流 I 将会通过表头组件，以至打表，严重时还会烧坏表头，所以现在一般不采用这种方法。

闭路式多量程分流器的特点是各分流电阻相互串联，再并到表头上，形成闭合回路，在万用表的实际电路中，通常采用这种闭路式分流器。直流电流档电路如图 2－23 所示。

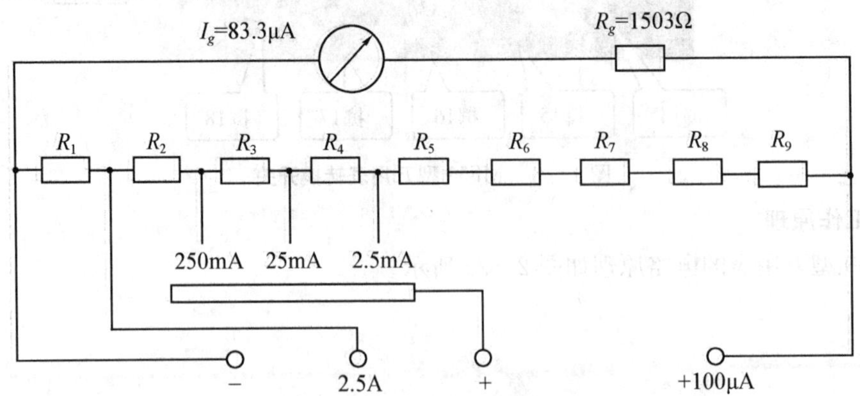

图 2－23　MF50 型万用表直流电流档电路

2）直流电压档电路

根据欧姆定律 $U=IR$ 可知，一只电流表或表头本身就是一只量限为 U 的电压表，但

可测范围小。因此万用表一般采用串联电阻分压的原理来扩大电压量程，其电路原理如图 2－24 所示。

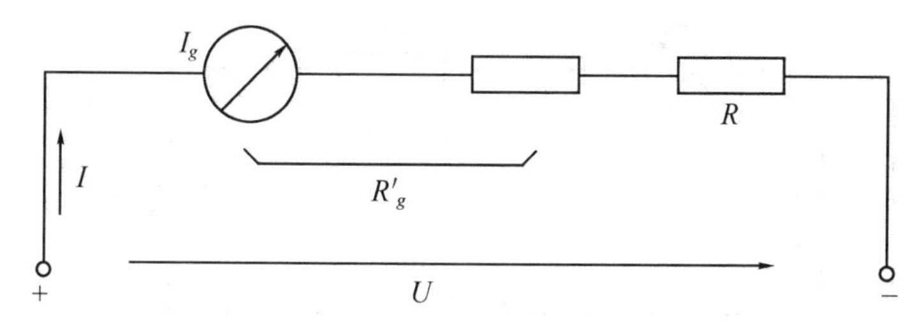

图 2－24　MF50 型万用表直流电压档原理图

其中：R 为扩大电压量程的串联分压电阻，R'_g 为表头等效内阻，I 为直流电压档接入点的输入电流。直流电压档的测试电路如图 2－25 所示。

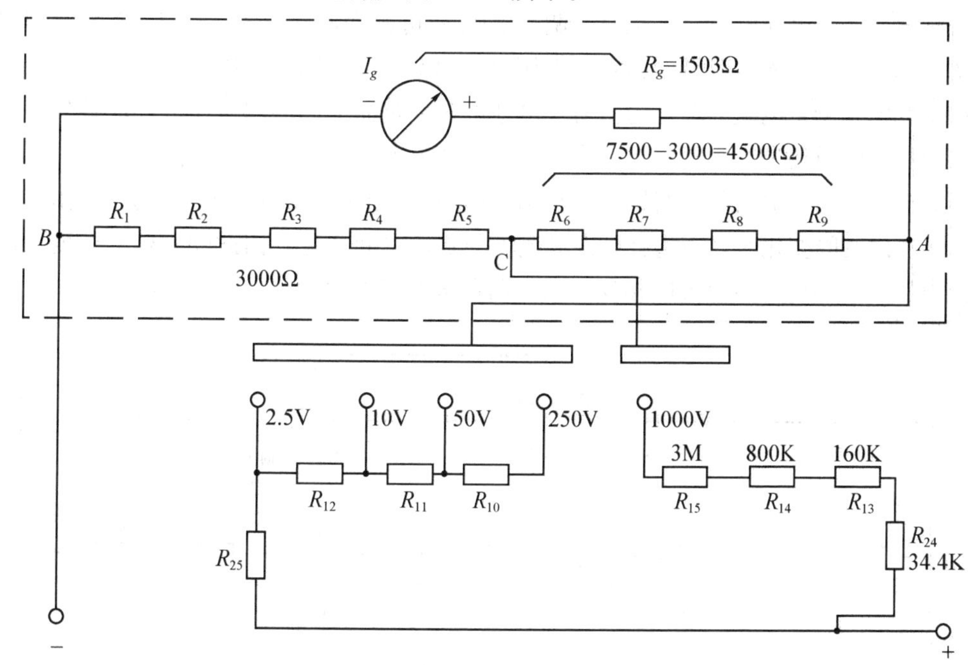

图 2－25　直流电压档的测试电路

3）交流电压档电路

万用表的表头是一个磁电系电流表，它只能直接测量直流，不能直接测量交流。为了能测量交流，必须配以整流电路（MF50 型万用表采用二极管作为整流器）。MF50 型万用表交流/直流电压档为了共用一条标度尺而采用各自的一套倍增器（电阻）来测量。

还需要指出的是：由于整流元件正、反向电阻随温度和外加电压的不同会发生变化，所以测量交流电压时，仪表的准确度不高，尤其是低电压时，二极管伏安特性的非线性影响大，即其电导率和整流效果较差，整流特性变化较大，所以 10 V 交流电压档设置了一条专用刻度线，而不与测直流电压的标度尺共用。

4）电阻档电路

万用表电阻档实际上是一个多量程的欧姆表，其电路原理如图 2－26。测试时将被测

电阻 R_x 与电流表相串联，回路电流：$I=E/(r+R_x)$

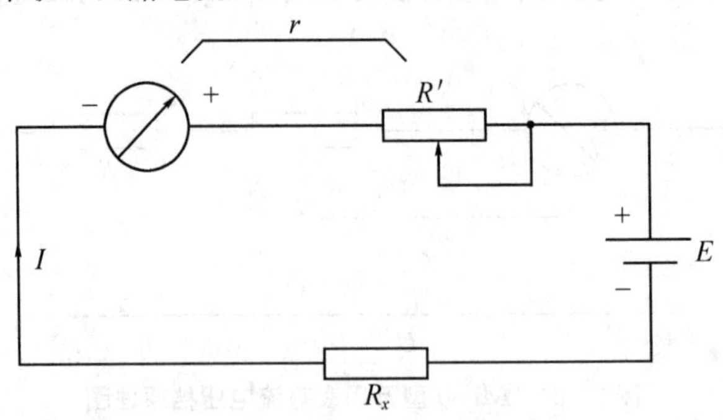

图 2－26　电阻档电路原理图

当 $R_x=0$ 时（被测电阻短路），这时回路电流最大 $I=I_g$，表头指针就满偏转，这点定为 0 Ω 刻度点。当电池电压有变化时，调节电阻 R' 可改变回路电流，使 $I=I_g$，称调零过程。R' 也称调零电位器，其调整柄露在万用表表面上，称作调零旋钮。

在用欧姆表测量电阻之前，为了避免电池电压变化而引起的测量误差，应首先将万用表表笔短接，同时调节调零旋钮，使表针指在 0 Ω 刻度位置，然后再进行测量。

当 $R_x\to\infty$ Ω 回路中没有电流，指针不偏转，该点定为 ∞ Ω 刻度点。由此可知：当 R_x 在 0 Ω→∞ Ω 之间变化时，表指针则在满刻度与零位之间变化，因此欧姆档的标度尺刻度与电流电压档的标度尺刻度方向相反。电阻档测量电路如图 2－27 所示。

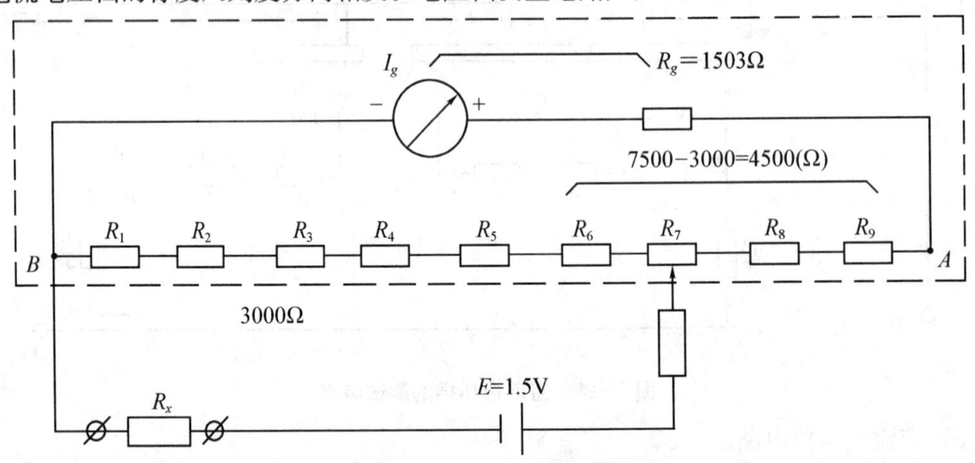

图 2－27　电阻档测量电路

五、实验步骤

1. 清点材料

按材料清单一一对应，记清每个元件的名称与外形。打开时请小心，以免材料丢失。清点材料时将表箱后盖当容器，将所有的东西都放在里面。清点完后将材料放回塑料袋备用。暂时不用的放在塑料袋里。弹簧和钢珠一定不要丢失。

2. 焊接前的准备工作

每个元器件在焊接前都要用万用表检测其参数是否在规定的范围内。二极管、电解电

容要检查它们的极性，电阻要测量阻值。元器件布局要合理，排列要整齐，各元件的标值要向外，便于检查与修理。导线的选择要根据图纸所标识的颜色及长短，剥开导线头的长度要适中，一般以 1.5 mm～2 mm 为宜。

3. 元器件的焊接与安装

（1）先焊接定子绝缘片上的元件。电阻尽量平卧安装。焊点要先上锡，焊接时速度要快，一次焊不上，待冷却后再焊（如焊接时间太长，定子绝缘片要损坏、变形）。然后再焊接定子绝缘片背面的导线，注意不要碰到定子绝缘片，以免烫坏、变形导致接触不良。焊接时，电阻不能离开线路板太远，也不能紧贴线路板焊接，以免影响电阻的散热。

（2）定子焊好以后，再将万用表外壳上两个晶体管插座的两个电阻与表头上的电阻、二极管、电容焊好。注意插座引脚与表头上的焊接点都要上锡，否则很容易虚焊。

（3）元件焊好以后，先将定子安装固定于表内。固定定子时，要把它的圆心对准换档键的轴心，再将三个 2.5 mm 定位螺丝旋紧。

（4）定子固定好以后，再装换档键的转子。先放一只平垫圈，然后将转子按照原理图的要求位置装好，注意不要安装反，然后上齿轮垫圈，最后将 4 mm 螺母旋紧。

（5）在装好定子与转子后，需要拨动换档键，检查一下每档接触是否良好，多旋动几次是否有松劲，以免将来多次使用后接触不良。

（6）在检查准备无误后再将电池盒的导线按图纸要求连接好。布线时要注意布局合理、美观、整齐、导线的长度适中，引线沿底壳尽量走直线、拐直角。

（7）全部安装好以后，再对照原理图及安装图认真核对检查，在确保正确的情况下进行调试。图 2－28 为 MF50 型万用表元器件组装示意图。

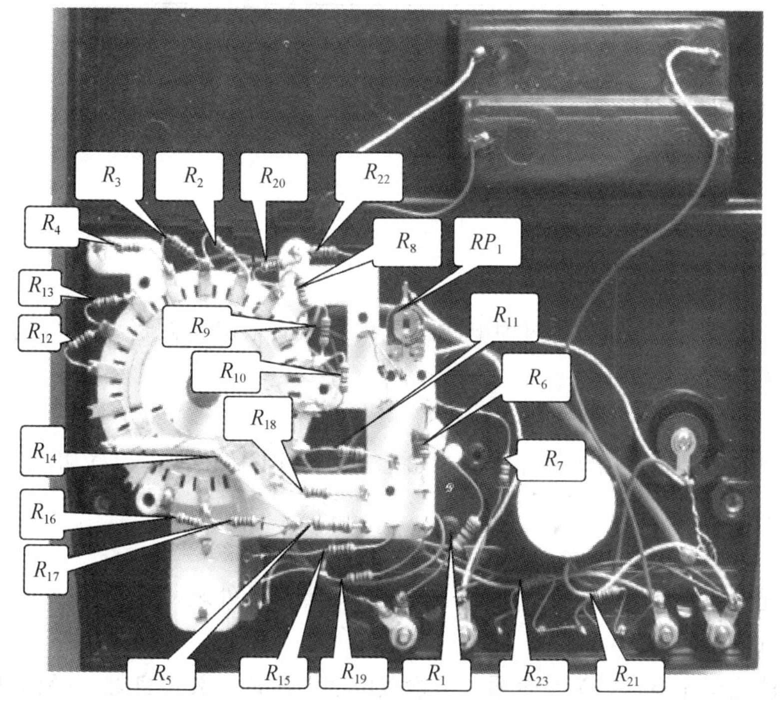

图 2－28　MF50 型万用表元器件组装示意图

4．万用表的调试（校准）

万用表安装完毕后，只要元器件完好、装接正确就能正常使用。但未经调试的万用表在测量过程中往往会存在一定的偏差，这就需要对万用表进行调试（校准）。在万用表电气原理图中有一个微调电阻 RP_1 其作用是用来校准直流电流挡。直流电流档校准电路如图 2－29 所示。图中 PA_0 为标准表，PA_x 为被检表，R_w 为电位器，GB 为稳压电源，S 为开关，R_t 为限流电阻。

直流电流挡的校准方法为：将电位器 R_w 和限流电阻 R_t 调节至阻值最大位置，标准表 PA_0 和被检表 PA_x 均置于直流电流最小挡位（100 μA）。合上开关 S，逐渐减小 R_w 和 R_t 的阻值，使标准表 PA_0 的指针由零到满偏转，此时观察被检表 PA_x 的指针偏转情况，若 PA_x 指针不在满刻度处，则可调节被检表中的微调电阻 RP_1，使其的指针也为满偏转。MF50 型万用表直流电流挡校准好以后，直流电压、交流电压、欧姆挡等不需要再进行校准。

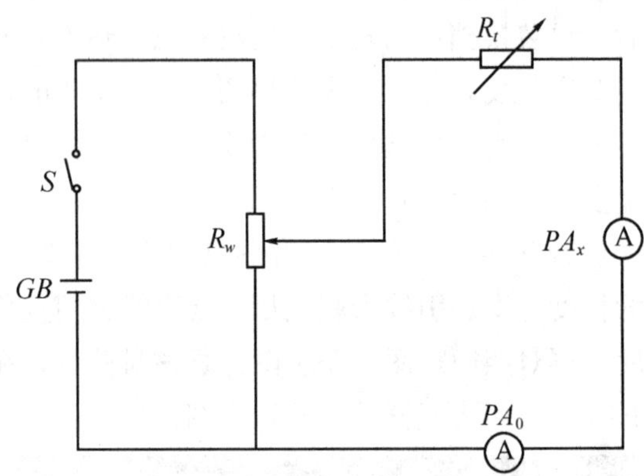

图 2－29　直流电流档校准电路

5．万用表故障的排除

（1）表计没有任何反应：

①表头、表棒损坏。

②接线错误。

③保险丝没装或损坏。

④电池极板装错。（如果将两种电池极板装反位置，电池两极无法与电池极板接触，电阻档就无法工作）

（2）电压指针反偏：

这种情况一般是表头引线极性接反。如果 DCA、DCV 正常，ACV 指针反偏，则为二极管 VD_1 接反。

（3）测电压时，示值不准：

这种情况一般是焊接有问题，应对被怀疑的焊点重新处理。

（4）所有电阻档不通：

一般这种现象先检查表头是否通，再检查电池电源是否装接良好，换档键的接触片位置是否装反了，接触是否良好。如若以上情况都良好，再检查调零电位器与表头连接 650

Ω、1000 Ω、2.7 Ω、2700 Ω、190 Ω等各线绕电阻是否断开，若有换之便可。

（5）交流电压档某一档或直流电流、电压某一档不对：

这种情况一般都是某一档的电阻阻值不对，或者就是导线线路连接错误。

六、问题与思考

（1）万用表为什么能测量不同量程的电量？

（2）在万用表电路中，应用了哪些电工理论知识？

第二编
模块二：民用住宅单相供/配电线路设计与安装

第三章　理论：单相正弦交流电路分析

第一节　交流电产生和输送基本知识

交流电在人们的生产和生活中有着广泛的应用。在电网中由发电厂产生的电是交流电，输电线路上输送的也是交流电，各种交流电动机使用的仍然是交流电。交流电的一个显著优点是可以利用变压器变换成各种不同的电压等级。另外，交流电器设备比直流电器设备构造简单、维护简便，所以交流电在工业上占着很重要的地位。交流电压、电流与直流电压、电流不同，它们的大小和方向随时间作周期性变化。常用的交流电是正弦交流电，即电压和电流的大小与方向按正弦规律变化，如图 3－1 所示正弦交流电压。

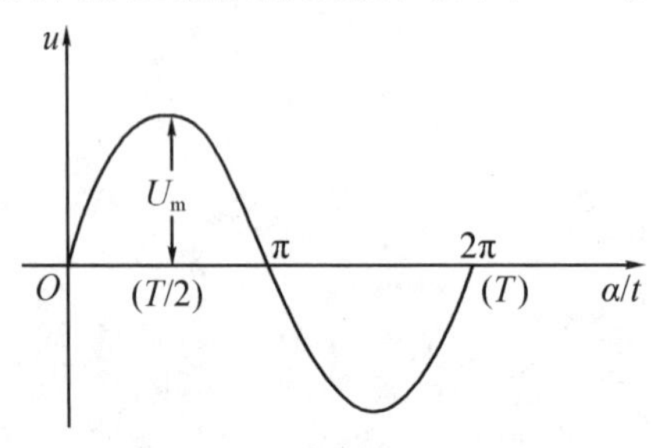

图 3－1　正弦交流电压

一、交流电的产生

交流电通常由交流发电机产生。交流发电机包括两大部分：一个可以自由转动的电枢（转子）和一对固定的磁极（定子）。电枢上绕有线圈，线圈切割磁力线便可产生感应电动势。交流发电机的基本原理可以用图 3－2 所示的矩形线圈 AB 在匀强磁场中沿逆时针方向做匀速转动来说明。线圈在转动的过程中，A 边和 B 边分别切割磁力线，根据电磁感应定律，A 边将产生感生电动势，其大小为 $E_A = Bl_1 v\sin\alpha$；B 边也将产生感生电动势，其大小为 $E_B = Bl_1 v\sin\alpha$。从 A、B 端口看过去，线圈产生的总的感生电动势为：

$$e = 2Bl_1 v\sin\alpha \tag{3－1}$$

式中，B 为匀强磁场的磁感应强度，A 边或 B 边的边长均为 l_1，v 为线圈切割磁力线的速度，α 为 v 与匀强磁场 B 之间的夹角。

感应电动势的大小随着转子的旋转不断变化，这种方向和大小都随时间变化的电势，就是交流电势。

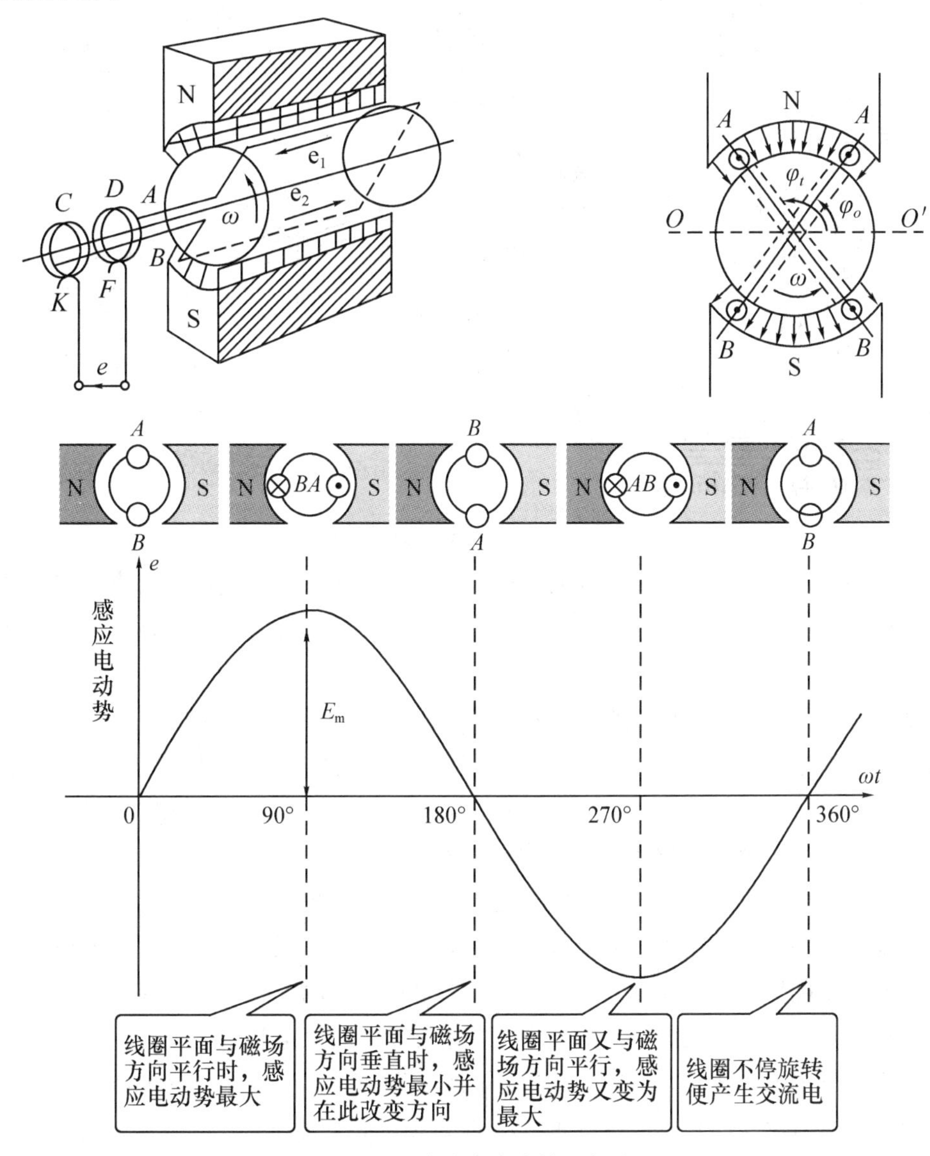

图 3－2　交流电产生的示意图

二、供配电系统简介

由发电厂、各种电压等级的升压和降压变电所、各种电压等级的输电线路以及用户有机连接起来的整体，称为电力系统，即这个由发电、输电、变电、配电和用电五个环节组成的“整体”称为电力系统。电力系统中，由升压、降压变电所和各种不同电压等级的输电线路连接在一起的部分称为电力网。供配电系统示意图如图 3－3 所示。

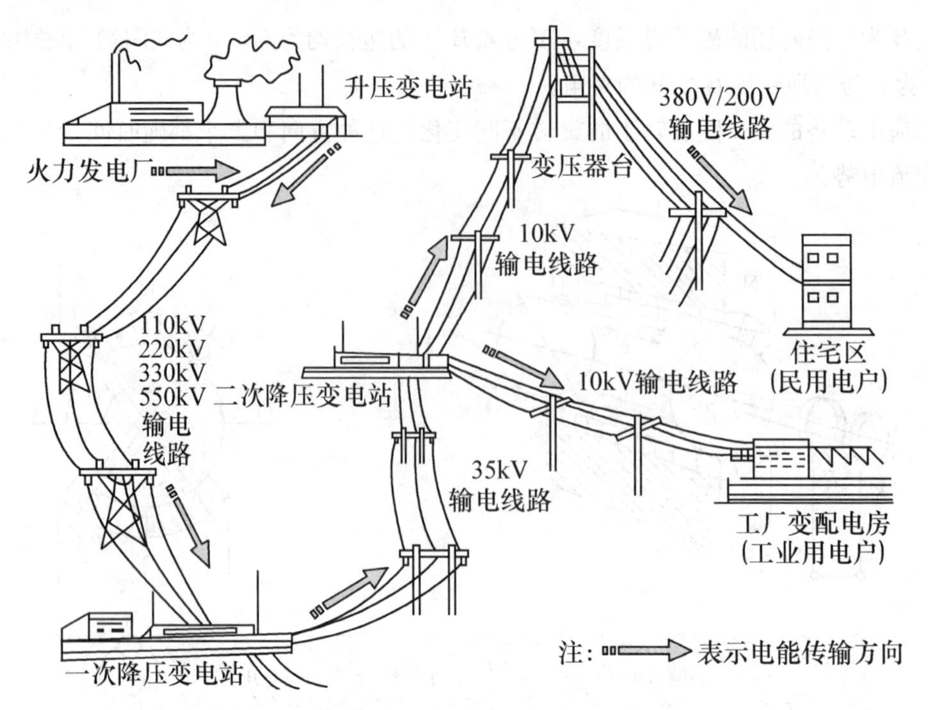

图 3－3　供配电系统示意图

在电力网中，根据其在电力系统的作用不同，分成输电网和配电网。直接将电能送到用户的网络称为配电网。配电网又可分为高压配电网（35 kV 及以上的网络）、中压配电网（3 kV，6 kV，10 kV）、低压配电网（380 V/220 V）。一般情况下，当用户的用电容量较小，如小于 100 kW 时，可选择低压公用区供电方式。当用电容量超过 100 kW 时，一般可选择高压供电方式，如 10 kV。但有时低压公用区的电压质量和供电可靠性不能得到保证，因此如果用户对用电可靠性要求较高时，用电容量不超过 100 kW 也应选择 10 kV 的供电电压。当用电容量超过 2000 kW 且输送距离超过 20 km 时，可选择 35 kV 及以上电压供电。用电单位的供电系统，按其用电性质和客观条件采用不同类型的变配电所供电。

把其他形式的能量转换成电能的过程叫发电。担任发电任务的工厂称为发电厂，按所用能源不同，发电厂可分为火力发电厂、水力发电厂和核动力发电厂、风力发电厂、潮汐发电厂和地热发电厂等。我国电力的生产主要来源于火力发电和水力发电。

火力发电通常以煤或油为燃料，使锅炉产生蒸汽，以高压（9.8 MPa 以上）、高温（500℃以上）蒸汽驱动汽轮机，由汽轮机带动发电机而发电。水力发电是利用自然水资源作为动力，通过水库或筑坝截流的方法提高水位，利用水流的位能驱动水轮机来带动发电机发电。核动力发电是由核燃料在反应堆中的裂变反应所产生的热能来产生高压、高温蒸汽，驱动汽轮机，带动发电机发电。

目前，世界上由发电厂提供的电力，绝大多数是交流电。

由于发电机的绝缘强度和运行安全等因素，发电机发出的电压不能很高，一般为 3.15 kV，6.3 kV，10.5 kV，15.75 kV 等。为了减少电能在数十、数百公里输电线路上的损失，因此，还必须经过升压变压器升高到 35 kV～500 kV 后再进行远距离输电。目前，我国常用的输电电压等级有 35 kV，110 kV，220 kV，330 kV 及 500 kV 等。输电电压的高低，要根据输电距离和输电容量而定。其原则是：容量越大，距离越远，输电电压就越高。现在，我国也已采用高压直流输电方式，把交流电转化成直流电后再进行输送。电力输电线路一般都采用钢芯铝绞线，通过架空线路，把电能送到远方变电所。但在跨越江河和通过市区以及不允许采用架空线路的区域，则需采用电缆线路。电缆线路投资较大且维护困难。

三、对电力系统的基本要求

（1）安全：在电能的供应、分配和使用中，不应发生人身事故和设备事故。

（2）可靠：应满足电能用户对供电可靠性的要求。

（3）优质：应满足电能用户对电压和频率等的要求。

（4）经济：供电系统的投资要少，运行费用要低，并尽可能地节约电能和减少有色金属的消耗量。

第二节　正弦交流电的基本概念

对于交流电，实际使用中往往关注的问题是：电流、电压或电动势的大小在多大的范围内变化，变化的快慢如何，它们的方向从什么时刻开始变化，等等。为此，首先来介绍描述交流电特征的一些物理量。

一、正弦交流电的三要素

1. 周期、频率和角频率

如果利用线圈在匀强磁场中转动产生交流电，那么线圈转动一圈所需要的时间便是交流电的周期。也就是说，正弦交流电完成一次周期性变化所需要的时间叫做交流电的周期。周期通常用 T 表示，单位是秒（s）。

交流电在 1 秒内完成周期性变化的次数被称为交流电的频率。频率通常用 f 表示，单位是赫兹（Hz）。

交流电变化一周还可以利用 2π 弧度或 360°来表征。也就是说，交流电变化一周相当于线圈转动了 2π 弧度或 360°。如果利用角度来表示交流电，那么每秒内交流电所变化的角度被称为角频率（或角速度）。角频率通常用 ω 来表示，单位是弧度 / 秒（rad/s）。

交流电的周期、频率和角频率主要是用来描述交流电变化快慢的物理量，周期越短表示交流电变化越快。它们之间的关系是：

$$T=\frac{1}{f} \tag{3-2}$$

$$\omega=2\pi f=\frac{2\pi}{T} \tag{3-3}$$

我国使用的交流电的频率为 50 Hz，称为工作标准频率，简称工频。国家电网的频率为 50 Hz，频率偏差的允许值为±0.2 Hz。少数发达国家如美国、英国、日本等使用的交流电频率为 60 Hz。

2. **最大值**

交流电在每周期变化过程中出现的最大瞬时值称为最大值，也称为幅值或峰值。交流电的最大值不随时间的变化而变化。

3. **初相位**

如果利用角度来表征交流电，那么 $t=0$ 时刻交流电对应的角度被称为初相位，简称初相，用 Φ 表示。初相表示交流电的初始状态，单位是度（°）或弧度（rad）。

综上可见：交流电的最大值描述了交流电大小的变化范围；交流电的角频率描述了交流电变化的快慢；交流电的初相位描述了交流电的初始状态。这三个物理量决定了交流电的瞬时值。因此，将最大值、角频率和初相位称为交流电的三要素。

例 3-1 如图 3-4 所示的交流电压波形，请说出该交流电三要素的大小，其中横坐标的单位是 s，纵坐标的单位是 V。

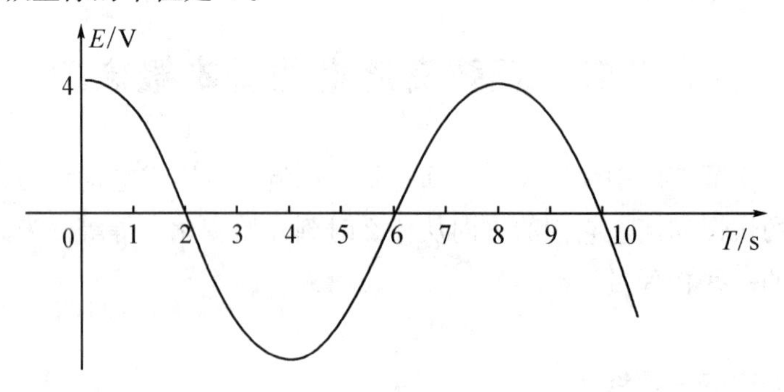

图 3-4 例 3-1 图

解：该交流电的周期为 $T=8$ s，角频率为

$$\omega=\frac{2\pi}{T}=\frac{2\pi}{8}\ \text{rad/s}=\frac{\pi}{4}\ \text{rad/s}$$

交流电压的最大值为 4 V；

交流电压的初相为$\frac{\pi}{2}$ rad。

二、正弦交流电的瞬时值、最大值、有效值

1. 瞬时值

正弦交流电流、电压、电动势在某一时刻所对应的值称为它们的瞬时值。瞬时值随时间的变化而变化。不同时刻，瞬时值的大小和方向均不同。交流电的瞬时值取决于它的周期、最大值和初相位。电流、电压、电动势的瞬时值分别用小写字母 i、u、和 e 表示。

$$e=E_{\mathrm{m}}\sin\ (\omega_t+\varphi_e) \tag{3-4}$$

$$u=U_{\mathrm{m}}\sin\ (\omega_t+\varphi_u) \tag{3-5}$$

$$i=I_{\mathrm{m}}\sin\ (\omega_t+\varphi_i) \tag{3-6}$$

2. 最大值

正弦交流电的电流、电压和电动势的最大值分别用 I_m、U_m 和 E_m 表示。

3. 有效值

在工程中，有时人们并不关心交流电是否变化和怎样变化，而是关心交流电所产生的效果。这种效果常利用有效值来表示。

有效值是根据电流的热效应来定义的。让交流电流和直流电流分别通过具有相同阻值的电阻，如果在同样的时间内所产生的热量相等，那么就把该直流电流的大小叫做交流电的有效值。也就是说，交流电的有效值就是与它热效应相等的直流值，用大写字母 I、U 和 E 分别表示电流、电压和电动势的有效值。理论分析表明，交流电的有效值和最大值之间有如下关系：

$$I=\frac{I_m}{\sqrt{2}}=0.707\,I_m \tag{3-7}$$

$$U=\frac{U_m}{\sqrt{2}}=0.707\,U_m \tag{3-8}$$

$$E=\frac{E_m}{\sqrt{2}}=0.707\,E_m \tag{3-9}$$

式中：I、U、E 分别表示交流电流、电压、电动势的有效值，I_m、U_m、E_m 分别表示交流电流、电压、电动势的最大值。

正弦交流电的有效值是一个十分重要的物理量，我们通常所说的交流电的值都是指其有效值，用交流电表测量出来的数值也是其有效值，一般电气设备的铭牌上所标注的电压、电流值通常都是有效值，以后凡涉及交流电的数值，只要没有特别声明的都是指其有效值。通常说照明电路的电压是 220 V，就是指有效值。

三、相位、初相位、相位差

1. 相位

由正弦交流电瞬时值表达式（式 3－4、式 3－5 和式 3－6）可以看出，在最大值确定之后，正弦量的瞬时值由（$\omega_t+\varphi$）确定，通常将（$\omega_t+\varphi$）称为正弦量的相位角，简称为相位。用 ψ 表示，单位为弧度（rad）。相位是时间的函数，它反映了正弦交流电的变化进程。

2. 初相位

前面已作介绍，值得注意的是：所取的计时起点不同，正弦量的初始值（$t=0$ 时的值）就不同，到达最大值或某一特定值所需的时间也不同。当需要区分电压、电流和电动势的初相位时，可用 φ_u、φ_i 和 φ_e 分别表示。

3. 相位差

两个频率相同的正弦交流电的相位之差称为它们的相位差，用 $\Delta\varphi$ 表示。实际上，两个交流电的相位差等于它们的初相差。

$$\Delta_{\varphi}=(\omega_t+\varphi_1)-(\omega_t+\varphi_2)=\varphi_1-\varphi_2 \tag{3—10}$$

若$\Delta_{\varphi}=0$，那么这两个正弦量同相；

若$\Delta_{\varphi}=180°$，则这两个正弦量称为反相；

若$\Delta_{\varphi}=90°$，则这两个正弦量称为正交；

当$\Delta_{\varphi}=\varphi_1-\varphi_2>0$时，叫$e_1$的相位超前$e_2$，或者说$e_2$的相位滞后于$e_1$。习惯上相位差的绝对值不超过180°。正弦交流电的几种相位关系如图3－5所示。

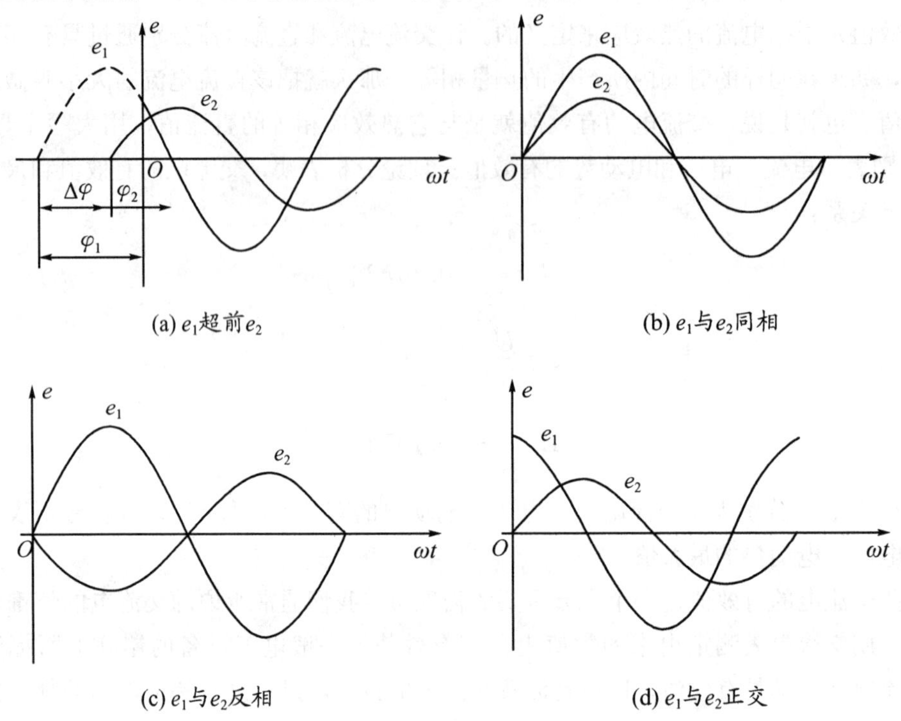

图3－5　正弦交流电的相位关系

第三节　正弦交流电的表示方法

正弦交流电常用的有三种表示方法：波形图表示法、解析式表示法和相量表示法。

一、波形图表示法

利用直角坐标系中的曲线，也就是波形图来描述正弦交流电的方法称为波形图表示法。画波形图时，横坐标可以表示时间t，也可以表示角度ωt，应根据具体情况来选择；纵坐标通常表示交流电参量（交流电流、电压或电动势）的瞬时值。某交流电压的波形图如图3－6所示，其中横坐标表示角度ωt，纵坐标表示交流电动势的瞬时值。显然，从波形图上可以直观地看出交流电的最大值、初相和周期等特征量。利用波形图容易比较不同交流电之间的相位关系。

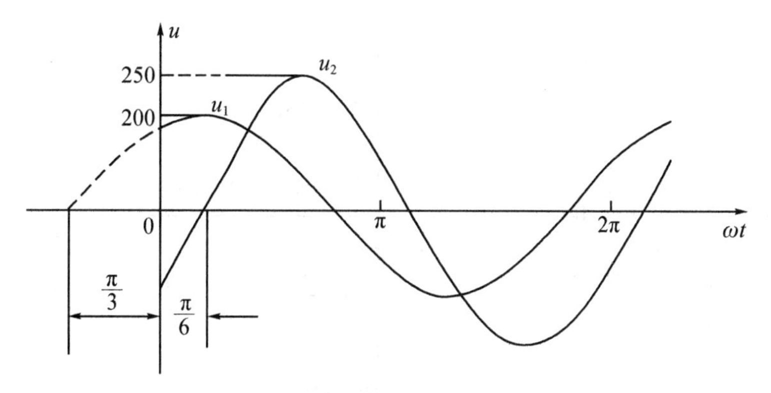

图 3－6　交流电压的波形图

二、解析式表示法

利用三角函数式把交流电正弦量随时间变化关系表示出来的方法称为解析式表示法。例如，交流电流的瞬时值 i、电压的瞬时值 u 和电动势的瞬时值 e 可表示成：

$$i=I_m\sin(\omega_t+\varphi_{i0})=I_m\sin(2\pi ft+\varphi_{i0}) \tag{3-11}$$

$$u=U_m\sin(\omega_t+\varphi_{u0})=U_m\sin(2\pi ft+\varphi_{u0}) \tag{3-12}$$

$$e=E_m\sin(\omega_t+\varphi_{e0})=E_m\sin(2\pi ft+\varphi_{e0}) \tag{3-13}$$

只要知道交流电的最大值、频率（或周期、角频率）和初相位，就可以写出它们的解析式。

例 3－2　已知某正弦交流电流的最大值为 3 A，频率为 50 Hz，初相为 45°，写出它的解析式。

解：该正弦交流电流的解析式为：

$$\begin{aligned} i &= I_m\sin(2\pi ft+\varphi_{i0}) \\ &= 3\times\sin(2\pi\times50\times t+45°)\ \text{A} \\ &= 3\sin(100\pi t+45°)\ \text{A} \end{aligned}$$

三、相量表示法

所谓相量表示法就是用一个直角坐标系中绕原点不断旋转的矢量来表示正弦交流电的方法。它的符号常用大写字母上方加一黑点表示。如用 $\dot{U}$、$\dot{I}$、$\dot{E}$ 表示。

利用旋转矢量的大小和初始位置能够唯一的确定一个正弦交流电参数。于是，我们把这种具有大小和初相的矢量称为相量。在相量图中，相量用有向线段来表示，其长度等于正弦量的最大值，它与横轴正方向间的夹角等于正弦量的初相位，如图 3－7 所示。

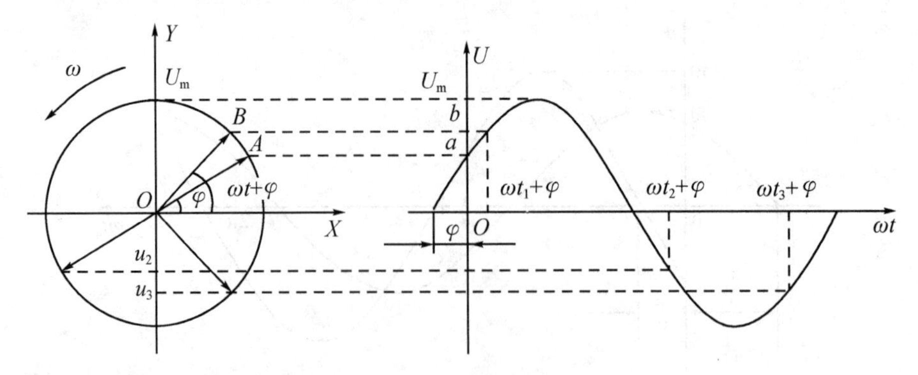

图 3-7 旋转矢量

用旋转矢量表示正弦量时规定如下：

（1）旋转矢量的长度代表正弦量的最大值。

（2）旋转矢量与 X 轴正方向夹角代表正弦量的初相位。

（3）旋转矢量以角频率 ω 随时间 t 逆时针旋转，任一瞬间，旋转矢量在 Y 轴上的投影就是该正弦量的瞬时值。

将同频率的交流电画在同一相量图上时，由于这些相量的角频率 ω 相同，所以不论它们旋转到什么位置，彼此之间的相位关系始终保持不变。所以在研究各相量之间的关系时，通常不标出角频率，而只按初相位和最大值作出相量图。例如有以下三个正弦量：

$$e=30\sin(\omega t+60^\circ)\,\text{V}$$

$$u=60\sin(\omega t-30^\circ)\,\text{V}$$

$$i=5\sin(\omega t-30^\circ)\,\text{A}$$

它们的相量图如图3-8～图 3-10 所示。

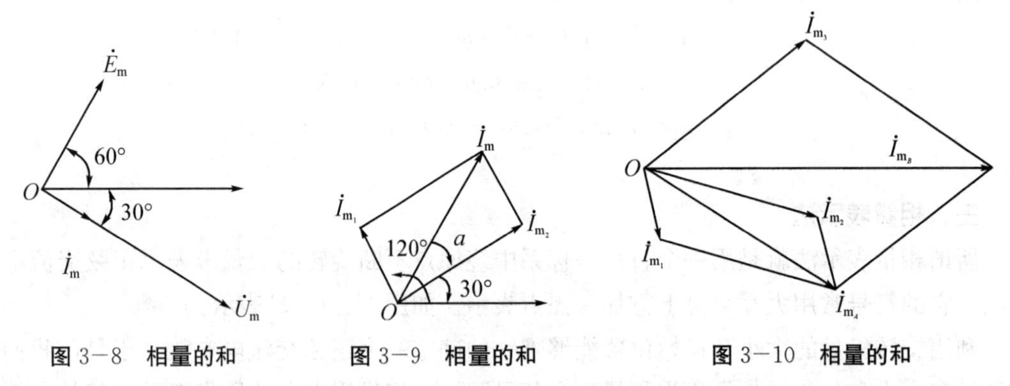

图 3-8 相量的和　　图 3-9 相量的和　　图 3-10 相量的和

正弦交流电用相量表示以后，就可将复杂的正弦量的和差运算变为相量的加减法运算。一般步骤是先画出各相量，然后用平行四边形法则作出总相量，然后用三角函数计算出结果。

注意：只有正弦周期量才能用相量表示，非正弦周期量不能用相量表示；只有同频率的正弦量才能画在同一相量图上，不同频率的正弦量不能画在同一相量图上。

例 3-3 已知 $i_1=3\sin(\omega t+120^\circ)(\text{A})$，$i_2=4\sin(\omega t+30^\circ)(\text{A})$，求 i_1+i_2。

解：绘出相量图如图 3-9 所示，其中 $I_{m_1}=3$ A，$I_{m_2}=4$ A，两者的相位差

$$\varphi=\varphi_1-\varphi_2=120°-30°=90°$$

所以合成后的电流最大值，可用勾股定理计算，即

$$I_m=\sqrt{I_{m_1}^2+I_{m_2}^2}=\sqrt{3^2+4^2}=5(\text{A})$$

I_m 的初相位由图可知：

$$\varphi=\alpha+30°$$

$$\alpha=\arctan\frac{I_{m_1}}{I_{m_2}}=\arctan\frac{3}{4}\approx 37°$$

所以

$$\varphi=37°+30°=67°$$

因而合成电流 i 为

$$i=i_1+i_2=5\sin(\omega t+67°)(\text{A})$$

求多个正弦交流电的和时，先按上述方法求出两个交流电的合成相量，再与另一个相量合成，依此类推，图 3－10 为三个相量 $\dot{I}_{m_1}$，$\dot{I}_{m_2}$，$\dot{I}_{m_3}$ 合成的情形，$\dot{I}_{m_B}$ 为三个相量之和。

两个正弦交流电相减，可以采用一相量与另一相量的逆相量相加的方法进行，也就是将欲减的相量旋转 180°，再进行相加。

借助相量法表示正弦量可以将复杂的三角函数和差运算转化为较简单的平行四边形法则的几何运算，但相量与正弦量之间的关系是一一对应的关系，而不是相等的关系。

第四节　纯电阻正弦交流电路分析

仅由正弦交流电源和电阻构成的电路便是纯电阻交流电路。例如：白炽灯、电炉和电烙铁等正常使用时的电路，都可以近似地看成纯电阻电路。

一、电流与电压的关系

图 3－11 所示给出了一种简单的纯电阻交流电路，它仅由一个理想的正弦交流电压源 u 和一个电阻 R 构成。在这个电路中，任何时刻通过 R 中的电流 i 仍满足欧姆定律，即

$$i=\frac{u}{R}$$

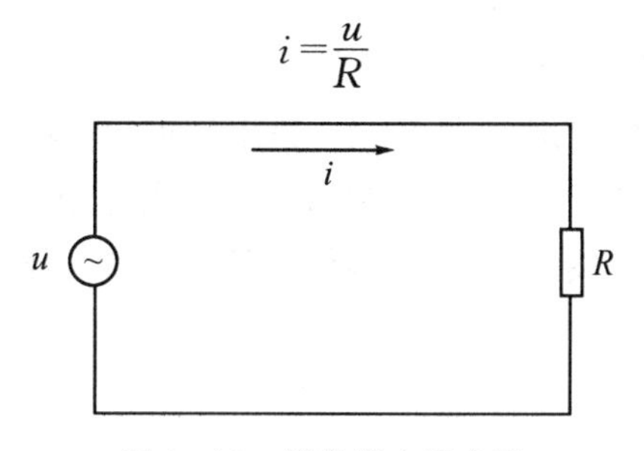

图 3－11　简单纯电阻电路

如果 $u=U_m\sin(\omega t+\varphi_0)$，那么

$$i=\frac{U_m}{R}\sin(\omega t+\varphi_0)=I_m\sin(\omega t+\varphi_0)$$

如果 u 的表达式利用其有效值 U 表示，即

$$u=U\sin(\omega t+\varphi_0)=\frac{U_m}{\sqrt{2}}\sin(\omega t+\varphi_0)$$

那么 $$i=\frac{U}{R}\sin(\omega t+\varphi_0)=I\sin(\omega t+\varphi_0)=\frac{I_m}{\sqrt{2}}\sin(\omega t+\varphi_0)$$

式中：I 为 i 的有效值，u、i 的波形图和相位关系如图 3－12 所示。

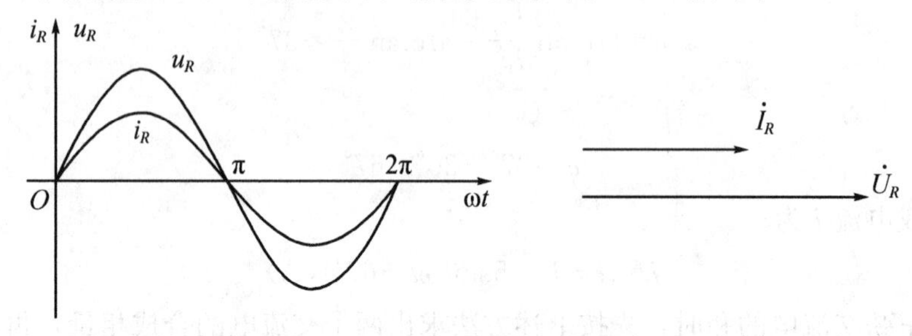

图 3－12　纯电阻电路电压与电流的相量图

纯电阻交流电路电压与电流的特点是：

（1）电压和电流是同频率的正弦量。

（2）电压和电流的相位、初相位均相同，这说明电压和电流的变化进程一样，它们同时到达正的最大值和负的最大值，同时经过零值。

（3）电压和电流的最大值、有效值都满足欧姆定律。即

$$I_m=\frac{U_m}{R} \quad 或 \quad I=\frac{U}{R} \tag{3-14}$$

二、功率

在交流电路中，电压瞬时值与电流瞬时值的乘积被称为电功率的瞬时值，简称瞬时功率。对于纯电阻电路，瞬时功率 p 为

$$\begin{aligned} p &=ui=U_mI_m\sin^2(\omega t+\varphi) \\ &=\sqrt{2}U\sin(\omega t+\varphi_0)\cdot\sqrt{2}I\sin(\omega t+\varphi_0) \\ &=2U_I\sin^2(\omega t+\varphi_0) \end{aligned} \tag{3-15}$$

根据上式可画出瞬时功率的曲线。图 3－13 所示给出了 $\varphi_0=0°$时的瞬时功率曲线。从图中可以看出，瞬时功率变化的频率比较快，是电压或电流频率的 2 倍。由于纯电阻交流电路中，电压与电流的相位相同，因而瞬时功率在任意时刻均为正值。这就是说，电阻总是从正弦交流电源上吸收电功率，并将其转化成其他形式的能量。

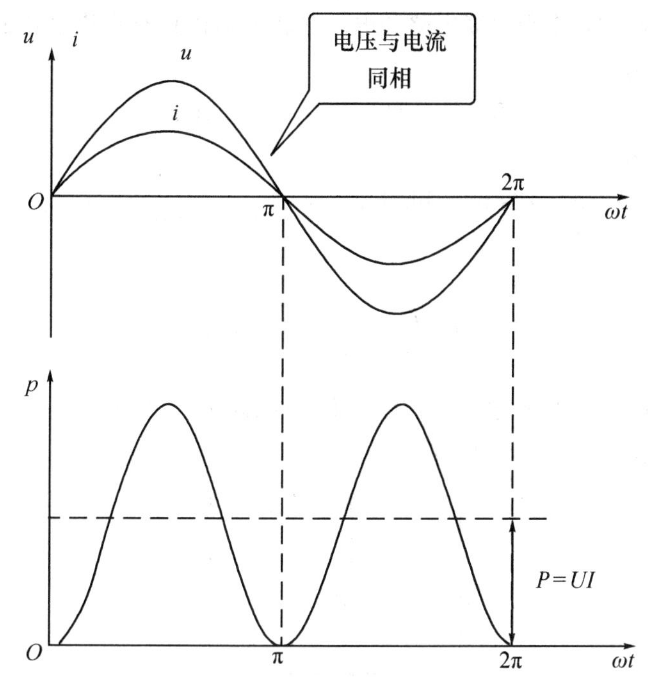

图 3－13　纯电阻电路瞬时功率曲线

瞬时功率是随时间而变化的，它在一个周期内怎样变化，对于我们使用电能来说，一般并不重要。我们所关心的往往是交流电的平均功率，即在一个周期内瞬时功率的平均值，也被称为有功功率，单位是瓦，用 W 表示。利用平均功率乘以时间就可以得到这段时间内消耗的电能。在纯电阻电路中，平均功率 P 为电压的有效值 U 和电流的有效值 I 的乘积。即

$$P=UI=\frac{U_m I_m}{2}=I^2R=\frac{U^2}{R} \tag{3-16}$$

工程上也常用 kW（千瓦）作为功率的计量单位，1 kW＝1000 W。

由于平均功率是电阻元件实际消耗的功率，所以又称为有功功率或电阻上消耗的功率，习惯上把“平均”或“消耗”两字省略，简称“功率”。比如，25 W 的白炽灯泡、100 W 的电烙铁等都是指它们的有功功率。

例 3－4　如图 3－14 所示电路中，$R_1=6\ \Omega$，$R_2=4\ \Omega$，$u=20\sin(314t+30°)$ V，求电路中的瞬时电流 i，并计算电流的有效值。

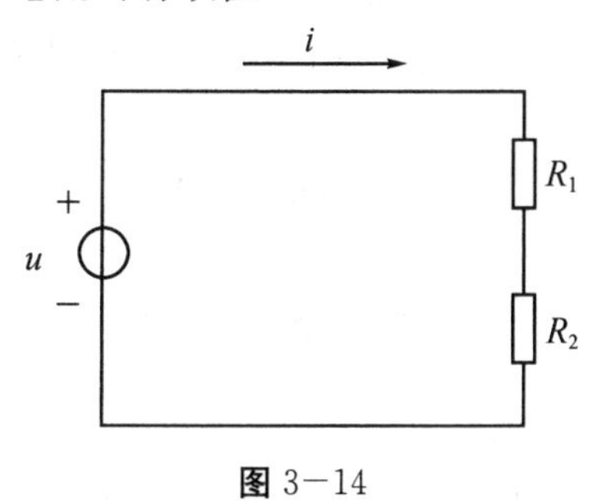

图 3－14

解： 在交流电路中，电阻串联电路和电阻并联电路仍具有直流电路的特点。图 3－14 所示电路的总电阻为

$$R=R_1+R_2=6\ \Omega+4\ \Omega=10\ \Omega$$

电路中的电流为

$$i=\frac{u}{R}=\frac{20\sin(314t+30°)}{10}\text{A}=2\sin(314t+30°)\ \text{A}$$

电流的有效值为

$$I=\frac{I_m}{\sqrt{2}}=\frac{2}{\sqrt{2}}\ \text{A}\approx 1.41\ \text{A}$$

例 3－5 如图 3－15 所示电路中，已知 $R=11\ \Omega$，$u=220\times\sqrt{2}\sin(314t+20°)\ \text{V}$，求交流电流表 A 和交流电压表 V 的读数。

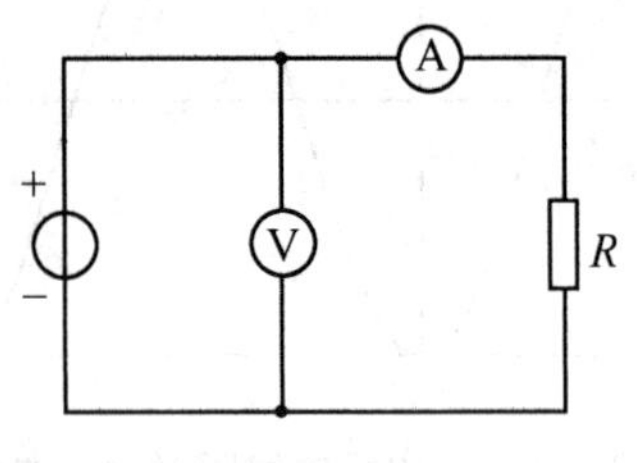

图 3－15

解： 利用交流电流表和交流电压表测量交流电路中的电流和电压时，它们的读数均为被测电流和电压的有效值。因此，电压表的读数为

$$U=\frac{U_m}{\sqrt{2}}=\frac{220\times\sqrt{2}}{\sqrt{2}}\ \text{V}=220\ \text{V}$$

电路中的电流为

$$i=\frac{u}{R}=\frac{220\times\sqrt{2}\sin(314t+20°)}{11}\ \text{A}=20\times\sqrt{2}\sin(314t+20°)\ \text{A}$$

电流表的读数为

$$I=\frac{I_m}{\sqrt{2}}=20\ \text{A}$$

例 3－6 一把 220 V、75 W 的电烙铁，接在交流电压为 $u=311\sin 314t$ V 的电源上，求：

(1) 通过电烙铁的电流和电烙铁的电阻。

(2) 将这电烙铁加在 110 V 的交流电源上，它消耗的功率是多少？

解： 已知交流电压为

$$u=311\sin 314t\ \text{V}$$

所以，电压最大值为

$$U_m=311\ \text{V}$$

电压有效值为

$$U=\frac{U_m}{\sqrt{2}}=\frac{311}{\sqrt{2}}\ \text{V}=220\ \text{V}$$

（1）电烙铁可视为纯电阻性负载，其额定电压为 220 V，接入有效值为 220 V 的正弦交流电路时，通过它的电流 I 可由功率公式 $P=UI$ 求出：

$$I=\frac{P}{U}=\frac{75}{220}\ \mathrm{A}=0.34\ \mathrm{A}=340\ \mathrm{mA}$$

电烙铁的电阻为

$$R=\frac{U^2}{P}=\frac{220^2}{75}\ \Omega=645\ \Omega$$

（2）将这电烙铁接在 $U_1=110$ V 的交流电源上，它所消耗的功率为

$$P_1=\frac{{U_1}^2}{R}=\frac{110^2}{645}\ \mathrm{W}=18.75\ \mathrm{W}$$

第五节 电容与电感

一、电容

1. 电容与电容器

两个任意形状、彼此绝缘而又互相靠近的导体，在周围没有其他导体或带电体时，它们就组成了一个电容器。每一个导体就是该电容器的一个极板，两个导体之间的绝缘物质叫做电介质。常用的电介质有空气、云母、纸、塑料薄膜和陶瓷等材料。电容器的基本特征是储存电荷，所以它具有储存电场能量的功能。电容器在动力系统中是提高功率因数的重要器件；在电子电路中是获得振荡、滤波、相移、旁路、耦合等作用的主要元件。电容器在电路模型中的符号如图 3－16 所示。

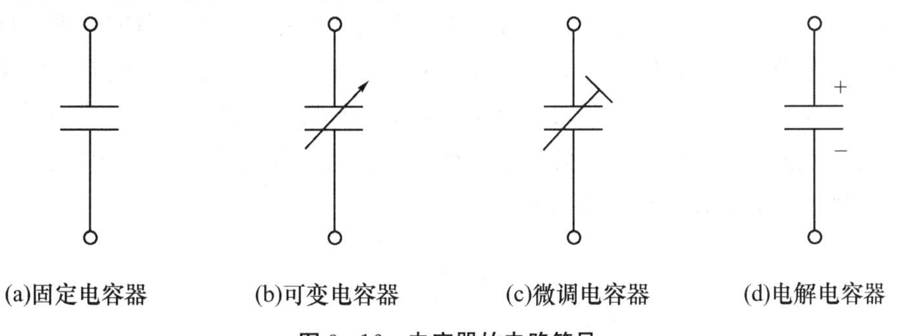

图 3－16 电容器的电路符号

常用电容器的种类很多，根据电容器极板的形状可分为：平行板电容器、球形电容器、柱形电容器等；根据电容器极板间电介质类型分为：真空电容器、空气电容器、云母电容器、纸介电容器、陶瓷电容器、聚四氟乙烯电容器、电解电容器等；根据电容器电容是否变化分为：固定电容器、可变电容器、半可变电容器等。常见的电容器如图 3－17 所示。

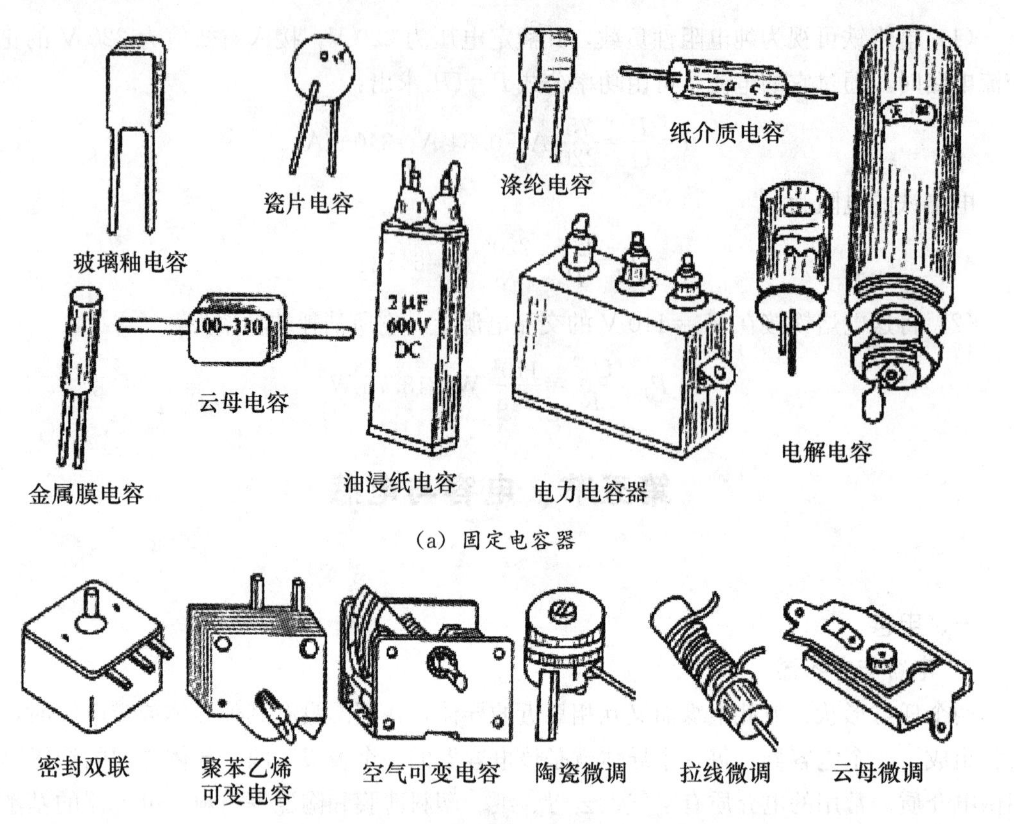

(a) 固定电容器

(b) 可变电容器

图 3-17　固定电容器和可变电容器

电容器储存电场能量的大小用电容容量表征，简称电容。对于图 3-18 所示的电路，当电源接通时，在电场力的作用下，直流电源负极上自由电子向电容器的负极板移动，使负极板带上负电荷。同样，电容器的正极板上也将带有等量的正电荷。电源电压越高，电容器极板上的电荷越多。当电容器两极板间的电压与电源电压相等时，电荷不再移动，此时电容器两极板上储存的电荷将形成一个电场。假设电容器极板上储存的电荷为 q，电源电压为 U，则电容器电容 C 的计算公式为

$$C=\frac{q}{U} \tag{3-17}$$

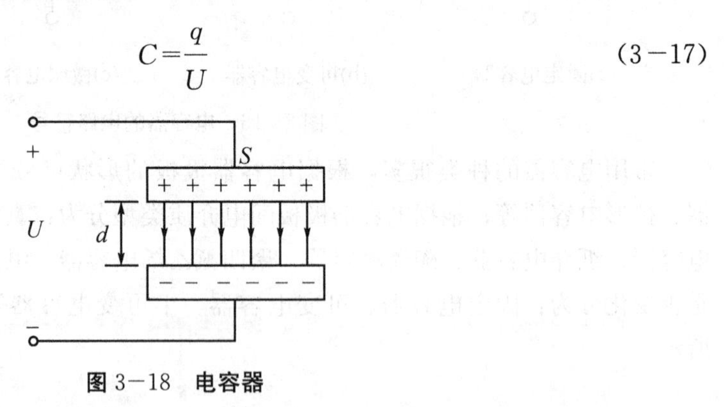

图 3-18　电容器

实际上，一般电容器的电容是由本身的性质决定的，因而电容器极板上的电荷与外加电压之比是常数 C，也就是说电容器上的电荷与外加电压成正比，这样的电容叫线性

电容。

在国际单位制中，电量的单位是库仑（C），电压的单位是伏特（V），电容的单位是法拉（F），简称法，有

$$1\ \text{F}=\frac{1\ \text{C}}{1\ \text{V}} \tag{3-18}$$

这意味着当电容器两极板间加 1 V 的电压时，如果极板上储存的电荷为 1 C，则电容器的电容为 1 F。在实际使用中，电容通常较小，常用微法（μF）、皮法（pF）、纳法（nF）作单位，它们的换算关系是

$$1\ \text{F}=10^{6}\ \mu\text{F}=10^{9}\ \text{nF}=10^{12}\ \text{pF} \tag{3-19}$$

电容器的特点：

（1）电容器是一种储能元件。充电过程是电容器极板上电荷不断积累的过程，放电过程是电容器极板上电荷不断向外释放的过程。

（2）电容器能够隔直流通交流。电容器仅仅在刚接通直流电源的短暂时间内发生充电现象，只有短暂的电流。充电结束后，电路电流为零，电路处于开路状态，相当于电容把直流隔断，说明电容器具有隔直流的作用，通常把这一作用简称为“隔直”。

当电容器接通交流电源时（交流电的最大值不允许超过电容器的额定工作电压），由于交流电的大小和方向不断交替变化，使电容器反复进行充电、放电，其结果是电路中出现连续的交流电流，说明电容器具有通过交流电流的作用，通常把这种作用简称为“通交”。必须指出，这里所指的交流电流是电容器反复充电、放电形成的，并非电荷能够直接通过电容器的介质。

电容器和电容量都可以简称“电容”，并且都是用同一字母“C”表示，但应注意它们的意义是不同的：电容器是储存电荷的容器，是一种电路元件；而电容量则是衡量电容器在一定电压作用下储存电荷能力大小的物理量，是电容器的一个性能指标。

2. 电容器的连接

像电阻器一样，电容器的连接方式也有串联、并联及混联，以满足电路的需要。

1）电容器的串联

如图 3－19 所示，将几只电容器依次连接、中间无分支的连接方式，叫做电容器的串联。

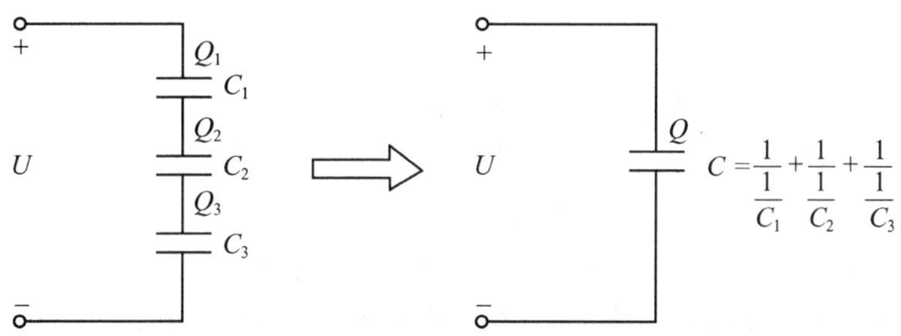

图 3－19　电容器的串联

其特点是：

（1）每个电容器所带电荷量相等，即

$$Q=Q_1=Q_2=\cdots=Q_n \qquad (3-20)$$

(2) 串联电容器的等效电容（总电容）C 的倒数等于各个电容量倒数之和，即

$$\frac{1}{C}=\frac{1}{C_1}+\frac{1}{C_2}+\cdots+\frac{1}{C_n} \qquad (3-20)$$

当两个电容器串联时，其等效电容为

$$C=\frac{C_1C_2}{C_1+C_2} \qquad (3-21)$$

若 n 个相同容量的电容器串联，且容量都为 C_0，则等效电容量为

$$C=\frac{C_0}{n} \qquad (3-22)$$

(3) 总电压 U 等于每个电容器上的电压之和，即

$$U=U_1+U_2+\cdots+U_n \qquad (3-23)$$

(4) 每个串联电容器实际分配的电压与其电容量成反比，即：容量大的分配的电压小，容量小的分配的电压大。若只用两只电容器，则根据上述原理，每只电容器上分配的电压为

$$U_1=\frac{Q}{C_1}=\frac{C_2}{C_1+C_2}U$$

$$U_2=\frac{Q}{C_2}=\frac{C_1}{C_1+C_2}U \qquad (3-24)$$

式中，U—总电压；U_1—C_1 上分配的电压；U_2—C_2 上分配的电压。

例 3-7 有两只电容器，其容量和额定电压分别为：20 μF/50 V，10 μF/50 V。若将它们串联在 100 V 的直流电压上使用，求等效电容量和每只电容器上分配的电压。试问：这样使用是否安全？

解： 设 $C_1=20\ \mu\text{F}$，$C_2=10\ \mu\text{F}$ 串联后的总电容为

$$C=\frac{C_1C_2}{C_1+C_2}=\frac{20\times10}{20+10}=6.67\ (\mu\text{F})$$

由式（3-24）得 C_1 上分配的电压为

$$U_1=\frac{C_2}{C_1+C_2}U=\frac{10}{20+10}\times100\approx33.3\ (\text{V})$$

C_2 上分配的电压为

$$U_2=\frac{C_1}{C_1+C_2}U=\frac{20}{20+10}\times100\approx66.7\ (\text{V})$$

由于电容 C_2 的实际分压大于 50 V，所以 C_2 会被击穿。C_2 击穿后使 C_1 承受 100 V 电压，也会被击穿。所以，这样使用不安全的。

由此可以看出：电容器串联使用时，不但要满足容量要求，同时还应考虑每个电容器上实际承受的电压是否超过其本身的耐压值，以防击穿损坏电容器。

2) 电容器的并联

电容器的并联方法如图 3-20 所示。各个电容器的一个极板都连接在同一点 A 上，另一个极板都连接另一点 B 上。

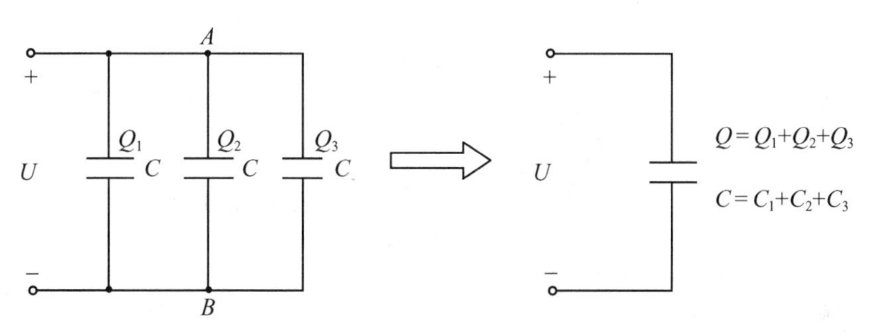

图 3－20　**电容器的并联**

其特点是：

(1) 并联后的总电荷量等于每个电容器上电荷量之和，即

$$Q=Q_1+Q_2+\cdots+Q_n \tag{3-25}$$

(2) 并联的等效电容量（总容量）C 等于各个电容器的容量之和，即

$$C=C_1+C_2+\cdots+C_n \tag{3-26}$$

(3) 每个电容器两端承受的电压相等，即

$$U=U_1=U_2=\cdots=U_n \tag{3-27}$$

并联电容器组的总电容量是各个电容器电容的总和。这样，总的电容量增加了，但是每只电容器两极板间的电压和单独使用时一样，因而耐压程度并没有因并联而改变。

以上是电容器的两种基本连接方法。事实上，电容器串联相当于两极板间距离增大，因而电容减小；并联相当于两极板正对面积增大，因此电容增大。

二、电感与电感器

1. 电感器

用导线绕制而成的线圈就是一个电感器，也称电感元件，用 L 表示。电感器也是一种储能元件，它把电能转化为磁场能。电感器是无线电设备中的重要元件之一，它与电阻、电容、晶体二极管、晶体三极管等电子器件进行适当的配合，可构成各种功能的电子线路。

电感器的种类很多，按电感形式可分为固定电感和可变电感；按导磁体性质可分为空心线圈、铁氧体线圈、铁芯线圈、铜芯线圈；按工作性质可分为天线线圈、振荡线圈、扼流线圈、陷波线圈、偏转线圈；按绕线结构可分为单层线圈、多层线圈、蜂房线圈；按工作频率可分为高频线圈、低频线圈；按结构特点可分为磁芯线圈、可变电感线圈、色码电感线圈、无磁芯线圈等。几种常见的电感线圈如图 3－21 所示。

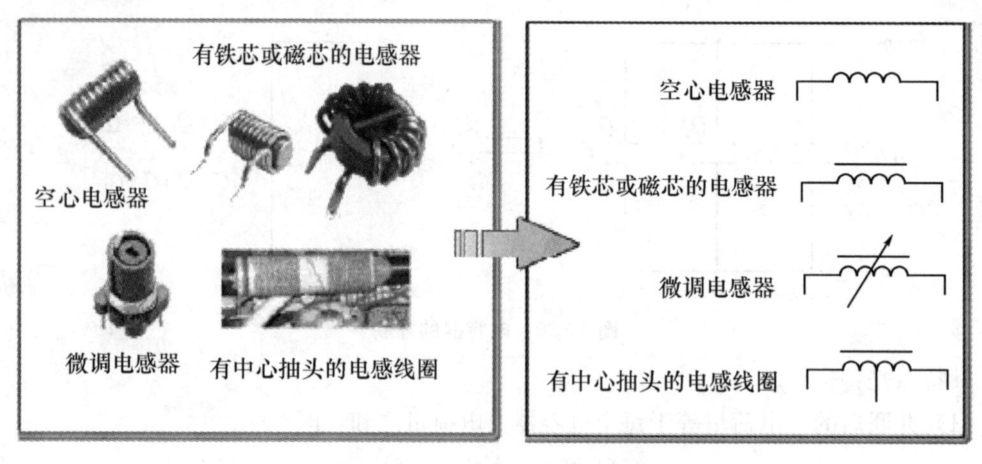

图 3－21 几种常见的电感线圈

电感器在电路模型中的符号如图 3－22 所示。

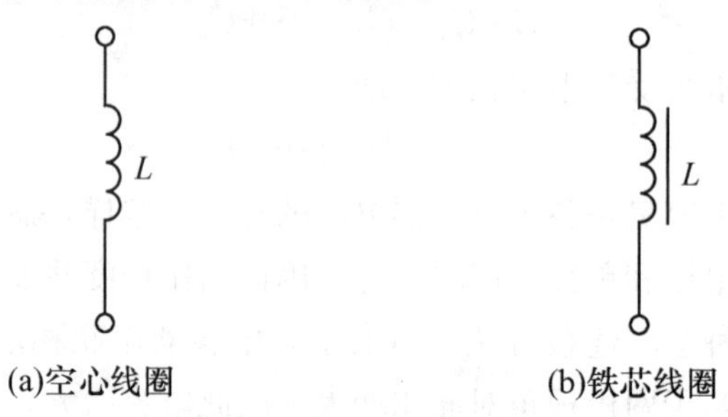

图 3－22 电感器的电路符号

2. 电感

当电流 i 通过有 N 匝的线圈时，在每匝线圈中产生磁通量 Φ，则该线圈的磁链（总磁通）ψ 为

$$\psi = N\varphi \tag{3-28}$$

磁通量和磁链的单位都是韦伯（Wb）。

线圈的磁通量和磁链是由通过线圈本身的电流所产生的，并随本线圈的电流变化而变化，因此将它们分别称为自感磁通 φ_L 和自感磁链 ψ_L。

同一电流流过不同的线圈，产生的磁链不同，为表示各个线圈产生自感磁链的能力，将线圈的自感磁链与电流的比值称为线圈的自感系数，用 L 表示。自感系数 L 通常被简称为“电感”，即

$$L = \frac{\psi_L}{i} \tag{3-29}$$

即 ψ_L 是一个线圈通过单位电流时所产生的磁链。电感的单位是亨利（H）以及毫亨(mH)、微亨（μH），它们之间的关系为

$$1\ \text{H} = 10^3\ \text{mH} = 10^6\ \mu\text{H} \tag{3-30}$$

电感的物理意义是：它在数值上等于单位电流通过线圈时所产生的磁链，即表征线圈产生磁链本领的大小。线圈电感 L 越大，通过相同电流时，产生的磁链也越大。电感 L 是

线圈的固有特性，其大小只由线圈本身因素决定，即与线圈匝数、几何尺寸、有无铁芯及铁芯的导磁性质等因素有关，而与线圈中有无电流或电流大小无关。与电容 C 一样，电感 L 也具有双重意义：既表示电感器这一电路元件，也表示自感系数这一电路中的参数。

应当注意的是：只有空心线圈，且附近不存在铁磁材料时，其电感 L 才是一个常数，不随电流的大小变化而变化，我们称为线性电感。铁芯线圈的电感不是常数，其磁链 ψ 与电流 I 不成正比关系，它的大小随电流变化而变化，我们称为非线性电感。为了增大电感，实际应用中常在线圈中放置铁芯或磁芯。例如收音机中的调谐电路中的线圈都是通过在线圈中放置磁芯来获得较大电感，减小元件体积的。

实际上，并不是只有线圈才有电感，任何电路、一段导线、一个电阻、一个大电容等都存在电感，但因其影响极小，一般可以忽略不计。

第六节　纯电感正弦交流电路分析

由正弦交流电源和只具有电感的线圈所组成的电路，就是纯电感正弦交流电路，如图 3－23 所示。

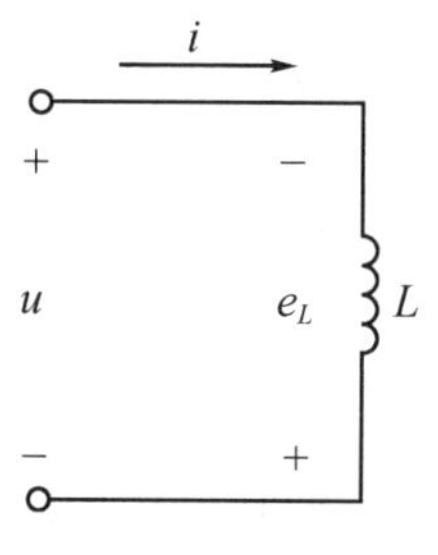

图 3－23　纯电感电路

一、电流与电压的关系

如果在电感线圈 L 的两端加有交流电压 u_L，则线圈中会产生大小与方向随时间变化的电流 i。由于有电流变化，线圈内将产生自感电动势，其大小为

$$e_L = -L\frac{\Delta i}{\Delta t}$$

式中$\frac{\Delta i}{\Delta t}$是电流的变化率。由自感原理可知，对于一个电阻小到可以忽略不计的电感线圈来说，其两端的感应电压 u_L 与自感电动势 e_L 总是大小相等方向相反，即线圈两端的电压为

$$u_L = -e_L = -\left(-L\frac{\Delta i}{\Delta t}\right) = L\frac{\Delta i}{\Delta t} \tag{3-31}$$

由上式可以看出，线圈两端的电压大小与电流的变化率成正比。下面就通过式(3－31)来分析电流与电压之间的相位关系。

设线圈中电流的初相位为零，电流波形如图 3－24 所示，现把一周期的变化分为四个阶段来讨论：

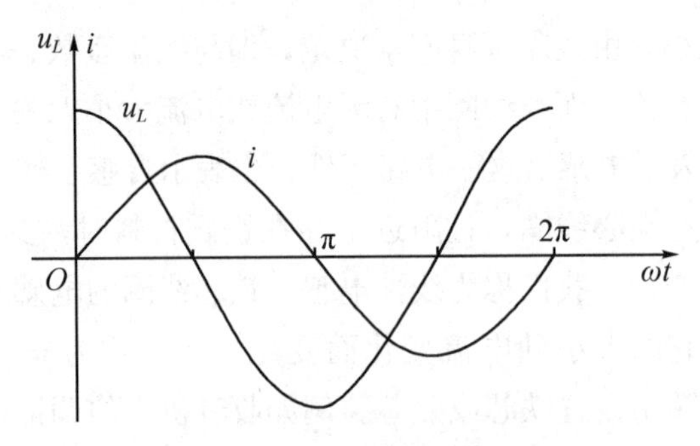

图 3-24　纯电感电路波形图

在 $0\sim\frac{\pi}{2}$，即第一个 1/4 周期内，电流 i 从零增加到最大正值。该期间电流的变化率 $\frac{\Delta i}{\Delta t}$ 为正值，并且起始时最大，然后逐渐减小到零。这时的电压 u_L 相应地从最大正值逐渐变为零。

在 $\frac{\pi}{2}\sim\pi$，即第二个 1/4 周期内，电流 i 从最大正值减小到零。此间电流的变化率 $\frac{\Delta i}{\Delta t}$ 为负值，并且从零变到最大负值，u_L 也从零变到最大负值。

在 $\pi\sim\frac{3\pi}{2}$，即第三个 1/4 周期内，电流 i 从零增加到最大负值。该期间电流的变化率 $\frac{\Delta i}{\Delta t}$ 仍为负值，并且从最大负值变到零，电压 u_L 也从最大负值变到零。

在 $\frac{3\pi}{2}\sim 2\pi$，即第四个 1/4 周期内，电流 i 从最大负值变到零。电流的变化率 $\frac{\Delta i}{\Delta t}$ 为正值，并且从零变到最大正值，u_L 也从零变到最大正值。

从以上分析可知：电流 i 变化到接近最大值 I_m（正的或负的）时，电流变化率 $\frac{\Delta i}{\Delta t}$ 最小，电流 i 的增加（或减小）得最慢；电流 i 变化到接近零值时，电流变化率 $\frac{\Delta i}{\Delta t}$ 最大，电流 i 的增加（或减小）得最快，从而得出图 3-24 的波形图。从波形图可以看出：在纯电感线圈中的正弦电流要比它两端的电压滞后 90°，或者说：电压总是超前电流 90°。因为交流电路里线圈的自感电动势 e_L 是不断地起阻碍电流变化的作用，所以 e_L 在相位上滞后于电流 90°。要使电流通过线圈，电路里的电压必须与自感电势相平衡。也就是说：电路里的电压 u_L 必须每一瞬时与自感电势 e_L 大小相等方向相反。这就是纯电感电路电流与电压的相位关系。图 3-25 为电流、电压的相量图。

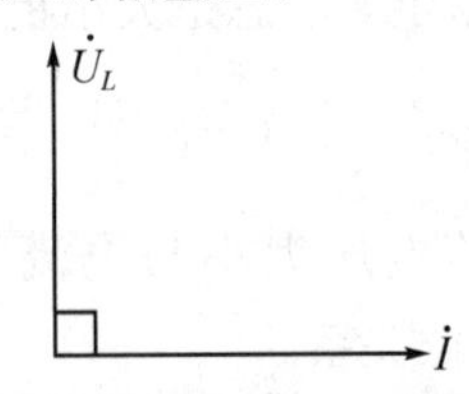

图 3-25　纯电感电路电流、电压的相位关系

设流过线圈的正弦电流的初始相位为零，则电流、电压的瞬时值表达式为

$$i = I_m \sin\omega t$$

$$u_L = U_{Lm} \sin\left(\omega t + \frac{\pi}{2}\right) \qquad (3-32)$$

可以证明，电压的最大值为

$$U_{Lm} = \omega L I_m$$

上式两边同除以$\sqrt{2}$，则得

$$U_L = \omega L I \quad 或 \quad I = \frac{U_L}{\omega L} = \frac{U_L}{X_L} \qquad (3-33)$$

式中

$$X_L = \omega L = 2\pi f L \qquad (3-34)$$

式 3－33 表明：纯电感电路中，电流与电压的有效值之间满足欧姆定律。X_L 称为电感的电抗，简称感抗。在式 3－34 中，若 ω 以rad/s 为单位，L 以 H 为单位，f 以 Hz 为单位，则 X_L 的单位就是 Ω。

感抗是用来表示纯电感对交流电阻碍作用的一个物理量，感抗的大小取决于电感 L 和流过它的电流的频率 f。对具有一定电感量的线圈来说，f 越高则 X_L 越大，在相同电压作用下，线圈中的电流就会减小。在直流电路中，因 $f=0$，故 $X_L=0$，纯电感线圈可视为短路。所以电感线圈在电路中具有“通直流，阻交流”、“通低频，阻高频”的特性。

注意：纯电感电路的欧姆定律只适应于电流、电压的有效值或最大值，对瞬时值不存在 $u/i = X_L$的关系，在运算中要特别注意。

二、电路的功率

在纯电感电路中，瞬时功率 p_L 是瞬时电流 i 与瞬时电压 u_L 的乘积，即：

$$p_L = i u_L$$

由　　$u_L = u_{Lm} \sin t，i = I_m \sin(\omega t + 90°)$

得

$$\begin{aligned} p_L &= U_{Lm} \sin\omega t \cdot I_m \sin(\omega t + 90°) \\ &= U_{Lm} I_m \sin\omega t \cos\omega t \\ &= \frac{1}{2} U_{Lm} I_m \sin 2\omega t \\ &= U_L I \sin 2\omega t \end{aligned}$$

瞬时功率 p_L 的变化曲线如图 3－26 所示。

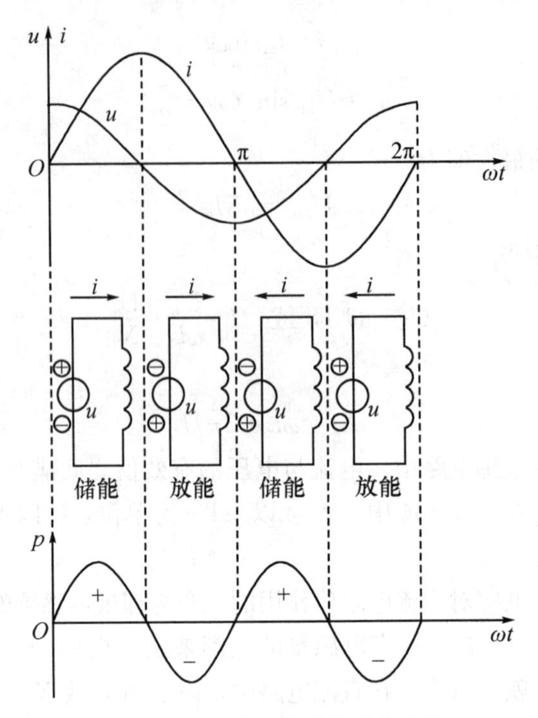

图 3−26　纯电感电路的功率曲线

从图中可以看出：在第一及第三个 1/4 周期内，p_L 是正值，这说明线圈从电源吸取电能并把它转换为电磁能，储存在线圈周围的磁场中，此时线圈相当于一个负载。在第二及第四个 1/4 周期内，p_L 是负值，这说明线圈向电源输送能量，也就是线圈把磁能再转换为电能送回电源，此时线圈起着一个电源的作用。由此可见：瞬时功率 p_L 在一个周期内的平均值应等于零。也就是说，在纯电感电路中有功功率等于零。其物理意义是：纯电感线圈在交流电路中不消耗电能，即线圈与电源之间只有能量交换关系。

平均功率不能反映线圈能量交换的规模，一般用瞬时功率的最大值来反映这种能量交换的规模，并把它叫做电路的无功功率，用字母 Q_L 表示，其大小为

$$Q_L = U_L I = I^2 X_L = \frac{U_L^2}{X_L} \tag{3-35}$$

为与有功功率相区别，无功功率的单位用“乏尔”，简称乏。在式（3−35）中，当各物理量的单位分别为 V、A、Ω 时无功功率的单位就是乏，用 var 表示。工程上常用千乏（kvar）作单位，1 kvar＝10^3 var。

注意：“无功”的含义是“交换”而不是“消耗”，它是相对“有功”而言的，绝不能理解为“无用”。它在电力系统中占有重要的地位，比如变压器、电动机等感性设备都是依靠电能与磁场之间的相互转换和传递而工作的。

例 3−8　高放式半导体收音机中的高频扼流圈的电感量为 2.5 mH，请问在 850 kHz 下，此扼流圈的感抗是多少？

解：已知扼流圈的电感量

$$L = 2.5\ \text{mH} = 2.5\times10^{-3}\ \text{H}$$

$$频率\ f=850\ \text{kHz}=850\times10^3\ \text{Hz}$$

此扼流圈的感抗

$$X_L=2\pi f_L=2\pi\times850\times10^3\times2.5\times10^{-3}\ \Omega=13352\ \Omega$$

例 3－9　某电感线圈接在频率为 50 Hz、电压 $U=220$ V 的正弦交流电源上，测得线圈中电流 $I=4.38$ A，求线圈的电感 L。

解：已知端电压及通过线圈中的电流，如忽略线圈的电阻，其感抗可由下式求出：

$$X_L=\frac{U}{I}=\frac{220}{4.38}\ \Omega=50\ \Omega$$

线圈的电感

$$L=\frac{X_L}{2\pi f}=\frac{50}{2\pi\times50}\ \text{H}=0.159\ \text{H}=159\ \text{mH}$$

例 3－10　将 $L=5$ mH 的电感线圈接在 $u=14.14\sin(500t+30°)$ V 的交流电路中，求线圈中电流的有效值 I 和电路中的无功功率 Q_L。

解：线圈的感抗为

$$X_L=\omega L=500\times5\times10^{-3}\ \Omega=2.5\ \Omega$$

电压的有效值为

$$U=\frac{14.14}{\sqrt{2}}\ \text{V}=10\ \text{V}$$

线圈中电流的有效值为

$$I=\frac{U}{X_L}=\frac{10}{2.5}\ \text{A}=4\ \text{A}$$

电路中的无功功率为

$$Q_L=\frac{U^2}{X_L}=\frac{10^2}{2.5}\ \text{var}=40\ \text{var}$$

第七节　纯电容正弦交流电路分析（选学内容）

仅由介质损耗很小、绝缘电阻很大的电容器组成的交流电路，可近似看成纯电容电路。

一、电流与电压的关系

在前面已经指出：直流电不能通过电容器，但是若将交流电接到图 3－27（a）所示的电路中时，由于电压的不断变化，电容器就反复地充放电，从而在电路中形成电流，在就称为交流电通过电容器。

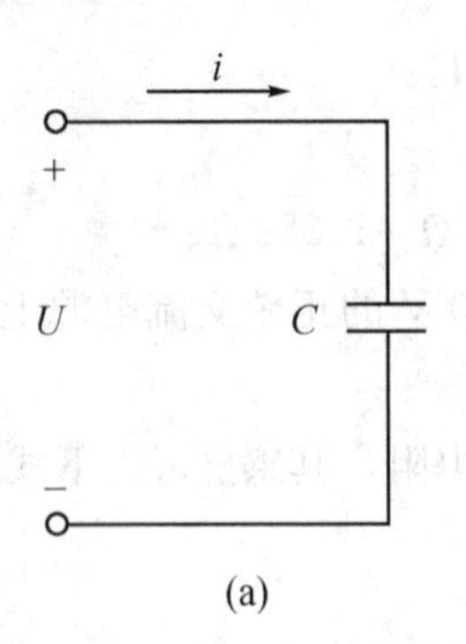

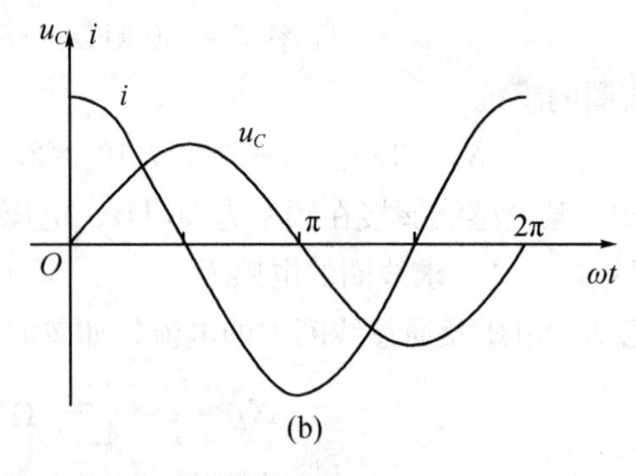

图 3−27 纯电容电路中的电流和电压

设在 Δt 时间内电容器极板上的电荷变化量是 ΔQ，则有

$$i=\frac{\Delta Q}{\Delta t}=\frac{C\Delta u_C}{\Delta t}=C\frac{\Delta u_C}{\Delta t} \tag{3-36}$$

$\frac{\Delta u_C}{\Delta t}$为电压变化率。上式表明，电容中的电流与电容两端的电压变化率成正比。在图 3−27（b）中画出了电压、电流的波形。下面根据式（3−36）分析电流的变化情况。

在 $0\sim\frac{\pi}{2}$，即第一个$\frac{1}{4}$周期内，u_C 从零增加到最大值，电压变化率为正值并且开始时最大，然后逐渐减小到零。电流 i 从最大正值逐渐变为零。

在$\frac{\pi}{2}\sim\pi$，即第二个$\frac{1}{4}$周期内，u_C 从最大正值变为零。变化率为负并且从零到最大负值，此间电流 i 也从零变到最大负值。

在 $\pi\sim\frac{3\pi}{2}$，即第三个$\frac{1}{4}$周期内，u_C 从零变到最大负值。变化率为负并且从最大负值变为零，此间电流 i 也从最大负值变为零。

在$\frac{3\pi}{2}\sim2\pi$，即第四个$\frac{1}{4}$周期内，u_C 从最大负值变到零。变化率为正并且从零变到最大正值，此间电流 i 也从零变到最大正值。

即当电压经过零值时为最大，而当电压经过最大值时为零。

从波形图中可以看出：纯电容电路中的电流超前电压 90°，这与纯电感电路的情况正好相反。图 3−28 所示为纯电容电路电流和电压的相量图。

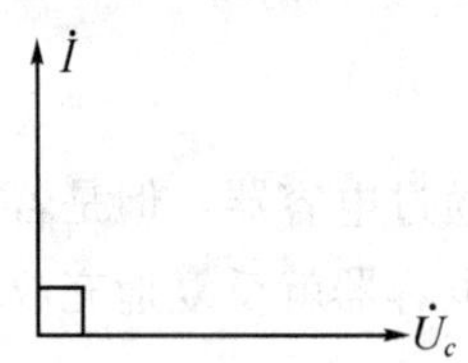

图 3−28 纯电容电路电流、电压的相位关系

设加在电容器两端的交流电压的初相位为零，则电流和电压的瞬时值表达式为

$$u_C=U_{Cm}\sin\omega t$$

$$i=I_m\sin\left(\omega t+\frac{\pi}{2}\right) \tag{3-37}$$

由理论推导可得电流的最大值为

$$I_{m}=\omega CU_{Cm}$$

$$\omega CU_{C}=\frac{U_{C}}{\frac{1}{\omega C}}=\frac{U_{C}}{X_{C}} \tag{3-38}$$

式中 X_{C} 称为容抗，即

$$X_{C}=\frac{1}{\omega C}=\frac{1}{2\pi fC} \tag{3-39}$$

式（3－38）表明，纯电容电路中，电流与电压的有效值之间满足欧姆定律。

容抗是用来表明电容对电流阻碍作用大小的一个物理量，容抗的大小与频率及电容量成反比，当电容量一定时，频率 f 越高则容抗愈小。在直流电路中，频率 $f=0$，$X_{C}\rightarrow\infty$，可视为开路。所以，电容元件有隔断直流的作用。

与纯电感电路相似，纯电容电路的欧姆定律只实用于电流、电压的有效值或最大值，对瞬时值不存在 $i=U_{C}/X_{C}$的关系。

二、电路的功率

在电容电路中，瞬时功率 p_{C} 是瞬时电流 i 与瞬时电压 u_{C} 的乘积，即

$$p_{C}=i\cdot u_{C}$$

由 $u_{C}=U_{Cm}\sin\omega t$，$i=I_{m}\sin(\omega t+90°)$，得

$$\begin{aligned}p_{C}&=U_{Cm}\sin\omega t\cdot I_{m}\sin(\omega t+90°)\\&=U_{Cm}I_{m}\sin\omega t\cos\omega t\\&=\frac{1}{2}U_{Cm}I_{m}\sin2\omega t\\&=U_{C}I\sin2\omega t\end{aligned}$$

瞬时功率 p_{C} 变化的曲线如图 3－29 所示。

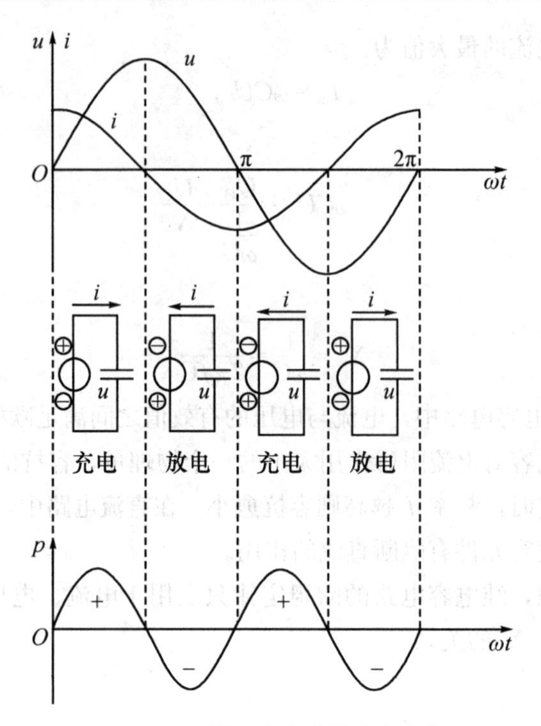

图 3−29 纯电容电路的功率曲线

从图中可以看出：在第一及第三个 1/4 周期内，p_C是正值，此时电容器充电，从电源吸取能量，并把它储存在电容器的电场中，此时电容器相当于一个负载。在第二及第四个 1/4 周期内，p_C是负值，此时电容器放电，它把储存在电场中的能量又送回电源，此时电容器相当于一个电源。因此可知，瞬时功率 p_C在一个周期内的平均值也等于零，即在纯电容电路中有功功率等于零。其物理意义是：电容器在交流电路中不消耗电能，即电容与电源之间只有能量交换关系。

和纯电感电路相似，为了衡量电容器与电源之间的能量交换规模，一般用瞬时功率的最大值来标志，并称之为无功功率，用 Q_C 表示，其大小为

$$Q_C = U_C I = I^2 X_C = \frac{U_C{}^2}{X_C} \tag{3-40}$$

无功功率 Q_C 的单位也是乏（var）。

例 3−11 容量为 40 μF 的电容器接在 $u=220\sqrt{2}\sin\left(314t-\frac{\pi}{6}\right)$ V 的电源上，试问：（1）电容的容抗；（2）电流的有效值；（3）电流的瞬时值表达式；（4）电路的无功功率。

解：（1）电容的容抗

$$X_C = \frac{1}{2\pi fC} = \frac{1}{314\times 40\times 10^{-6}}\ \Omega \approx 80\ \Omega$$

（2）电流的有效值

$$I = \frac{U}{X_C} = \frac{220}{80}\ \text{A} = 2.75\ \text{A}$$

（3）电流的瞬时值表达式

$$i=2.75\sqrt{2}\sin\left(314t+\frac{\pi}{3}\right)\ \text{A}$$

（4）电路的无功功率

$$Q_C=UI=220\times2.75\ \text{var}=605\ \text{var}$$

第八节　RL 串联交流电路分析（选学内容）

在实际电路中，线圈的电阻并不是很小的，常常不能忽略不计，接在种线圈的电路相当于电阻 R 与电感 L 串联在交流电源上，就组成了电阻与电感的串联电路，如图 3－30(a)所示。

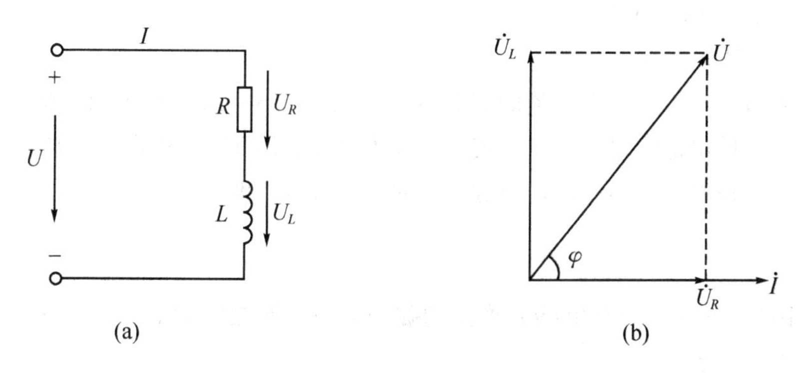

图 3－30　电阻与电感的串联电路

一、电流与电压的关系

当交流电流通过电阻 R 时，电流 i 的相位与电阻两端的电压相位一致；通过电感时，其两端电压的相位比电流超前 90°。因此，求 RL 串联电路的总电压，不能简单地将各部分电压的数值相加，要通过矢量加减进行计算。

如图 3－30(b)所示，图中 $\dot{U}_R$ 表示电阻两端电压有效值矢量，它与电流矢量 $\dot{I}$ 同相位。$\dot{U}_L$ 表示电感两端电压有效值矢量，它比电流矢量 $\dot{I}$ 超前 90°。$\dot{U}$ 表示 $\dot{U}_R$、$\dot{U}_L$ 的矢量和，即电源电压有效值矢量。$\dot{U}_R$、$\dot{U}_L$ 和 $\dot{U}$ 矢量组成直角三角形，所以

$$U=\sqrt{U_R^2+U_L^2}=\sqrt{(IR)^2+(IX_L)^2}=I\sqrt{R^2+X_L{}^2} \quad (3-41)$$

式中：U——电源电压有效值，单位为 V；

I——电路中电流的有效值，单位为 A；

$\sqrt{R^2+X_L{}^2}$——RL 串联电路的阻抗，单位为 Ω。

一般 $\sqrt{R^2+X_L{}^2}$ 可用 Z 表示，即

$$Z=\sqrt{R^2+X_L{}^2} \quad 3-42)$$

电源电压 $\dot{U}$ 和电流 $\dot{I}$ 的相位关系，可由图 3－30(b)中 φ 角确定。

由 $\cos\varphi=\dfrac{U_R}{U}=\dfrac{R}{Z}$，得

$$\varphi=\arccos\frac{R}{Z} \tag{3-43}$$

二、功率的关系

在 RL 串联电路中，由于电感不消耗电能，只有电阻消耗电能变为热能，所以有功功率为

$$P=U_R I=UI\cos\varphi=S\cos\varphi \tag{3-44}$$

式中：P——有功功率，W；

S——视在功率，VA；

$\cos\varphi$——功率因数。

视在功率 S 是电源电压和电流的有效值的乘积，即 $S=UI$。它表示电路从电源吸收功率的总和。它的单位是伏安，用 VA 表示；或千伏安，用 kVA 表示。1 kVA＝1000 VA。

有功功率与视在功率的比值，叫做电路的功率因数，即

$$\cos\varphi=\frac{P}{S} \tag{3-45}$$

在 R_L 串联电路中，只有电感 L 产生的磁场能与电源之间的能量进行交换。因此，电路的无功功率 Q_L 为

$$Q_L=U_L I=UI\sin\varphi \tag{3-46}$$

P、Q_L 和 S 三者之间的关系为

$$S=\sqrt{P^2+Q_L^2} \tag{3-47}$$

由于 $\dot{U}_R$、$\dot{U}_L$ 和 $\dot{U}$ 正好组成一个直角三角形，所以称为电压三角形，如图 3－31(a)所示。如果把电压三角形的各边除以 I，则成为表达电阻 R、感抗 X_L 和阻抗 Z 三者关系的三角形，称为阻抗三角形，如图 3－31(b)。由式（3－47）可知，将电压三角形各边同除以 I，便得到各功率间的关系，P、Q_L 和 S 三者之间也组成一个直角三角形，称为功率三角形，如图 3－31(c)。但应注意：阻抗三角形和功率三角形的三边不能用矢量表示。

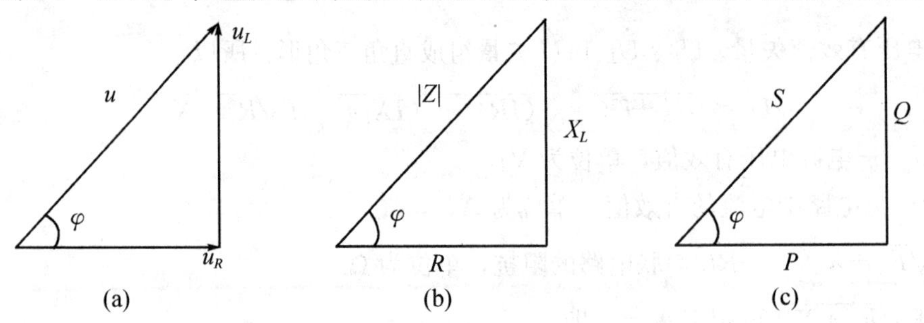

图 3－31 电压、阻抗和功率三角形

例 3－12 把具有电阻 $R=6\ \Omega$，电感 $L=25.5$ mH 的线圈接到 $U=220$ V、频率为 50 Hz的电源上，求电路的电流 I、$\cos\varphi$、P、Q 及 S。

解： $L=25.5\ \text{mH}=0.0255\ \text{H}$

$X_L=2\pi fL=2\times3.14\times50\times0.0255\ \Omega=8\ \Omega$

$Z=\sqrt{R^2+X_L{}^2}=\sqrt{6^2+8^2}\ \Omega=10\ \Omega$

$I=\dfrac{U}{Z}=\dfrac{220}{10}\ \text{A}=22\text{A}$

$\cos\varphi=\dfrac{R}{Z}=\dfrac{6}{10}=0.6$

$P=UI\cos\varphi=220\times22\times0.6\ \text{W}=2904\text{W}$

$Q=UI\sin\varphi=220\times22\times0.8\ \text{var}=3872\text{var}$

$S=UI=220\times22\ \text{VA}=4840\text{VA}$

例 3－13　有一个 40 W 日光灯用的镇流器，其直流电阻为 27 Ω，当通过 0.41 A，50 Hz的交流电流时，测得的端电压为 164 V。求镇流器的电感量 L 和功率因数 $\cos\varphi$。

解：

$$Z=\frac{U}{I}=\frac{164}{0.41}\ \Omega=400\ \Omega$$

由阻抗三角形得

$$X_L=\sqrt{Z^2-R^2}=\sqrt{400^2-27^2}\ \Omega\approx399\ \Omega$$

由 $X_L=2\pi fL$ 得

$$L=\frac{X_L}{2\pi f}=\frac{399}{2\times3.14\times50}\ \text{H}\approx1.27\ \text{H}$$

$$\cos\varphi=\frac{R}{Z}=\frac{27}{400}\approx0.07$$

因为镇流器的电感量 L 大而电阻 R 小，所以它的功率因数很小。当接上电源时，绝大部分电能在电源和镇流器电感之间交换，只有 7%的能量消耗在其电阻上而使镇流器发热。

三、RL 串联交流电路的应用——日光灯电路

日光灯是日常生活中使用最多的一种照明设备。其电路重要由日光灯管、镇流器、启辉器组成，如图 3－32 所示。

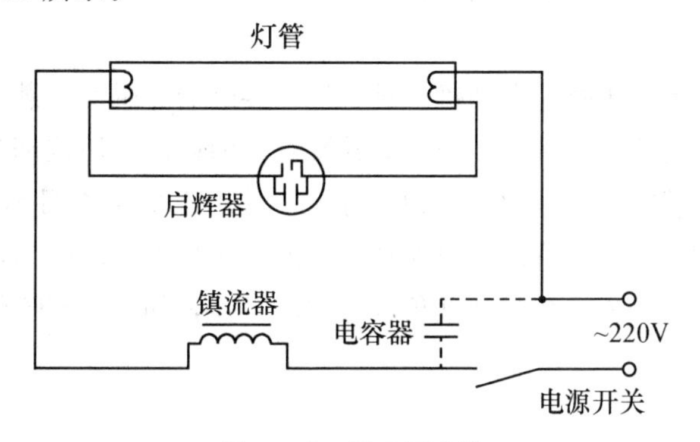

图 3－32　日光灯电路

日光灯管产生弧光放电必须具备两个条件：一是将灯丝预热使其发射电子；二是需要

一个较高的电压使灯管内气体击穿放电。电路中的启辉器和镇流器就能使日光灯管获得这两个条件。

接通电源时，电源电压同时加到灯管和启辉器的两极上。对灯管来说，220 V 的电源电压太低，不能使其放电。因此灯管在开始点燃时需要一个很高的瞬时电压。但对启辉器来说，此电压就可以使其产生辉光放电。启辉器中的双金属片（U 形触片）因辉光放电而受热伸直，从而与静触片接触，于是灯丝、启辉器、镇流器与电源构成一个闭合回路形成电流，灯丝得到预热，经过 1～2 秒钟，启辉器内辉光放电停止，双金属片冷却，其位置复原，两触片分开，导致电路中的电流突然中断，于是在镇流器（带铁芯的电感线圈）上产生一个很高的感应电压，该电压与电源电压叠加后加在灯丝两端，使已预热的灯丝发射出电子，撞击管内的惰性气体和水银蒸汽，使灯管内产生弧光放电，辐射出的紫外线激发灯管内壁上的荧光粉而发出可见光。

灯管点燃后，其等效成一个电阻元件，灯管的电阻变小，只允许通过较小的电流，否则灯管会烧毁。由于镇流器的分压作用，灯管两端电压比电源电压低得多（约在 50 V～100 V 范围内），此电压不足以使启辉器放电，启辉器两触点不再闭合。此时若将启辉器取掉，灯管仍正常发光。电流在灯管、镇流器、电源形成的回路中流通。由此可见，启辉器相当于一个自动开关，而镇流器在启动时产生瞬时高压，在灯管点燃后又起限流作用。

灯管点燃后，相当于一个电阻元件，镇流器的主要参数是电感 L。所以，日光灯电路实质上是一个 RL 串联电路。

日光灯电路的功率因数是很低的，为提高其功率因数，应在电路两端并联一个适当的电容器。

四、正弦交流电路功率因数的提高

根据功率因数的定义，即式(3－45)：$\cos\varphi=P/S$，功率因数 $\cos\varphi$ 的数值介于 0 和 1 之间。

当功率因数不等于 1 时，电路中发生能量交换，出现无功功率，无功功率越大，有功功率越小。一方面会导致发电设备或变压器的容量利用就不充分；另一方面会增加电路能量的损耗以及对电源调压的要求。因此，提高功率因数对充分利用设备，合理使用电力有着十分重要的意义。

在工厂企业中大量使用感应电动机、日光灯、接触器等感性负载。而这些感性负载大量占用供电电源的无功功率，虽然无功功率并没有被消耗掉，但这部分功率也无法供给其他用户使用。感性负载的功率因数之所以小于 1，是由于负载本身需要一定的无功功率。为了提高供电电源的效能，电管部门对无功功率的占用量要加以限制。

提高功率因数常用的方法是与感性负载并联电容器，如图 3－33 所示。

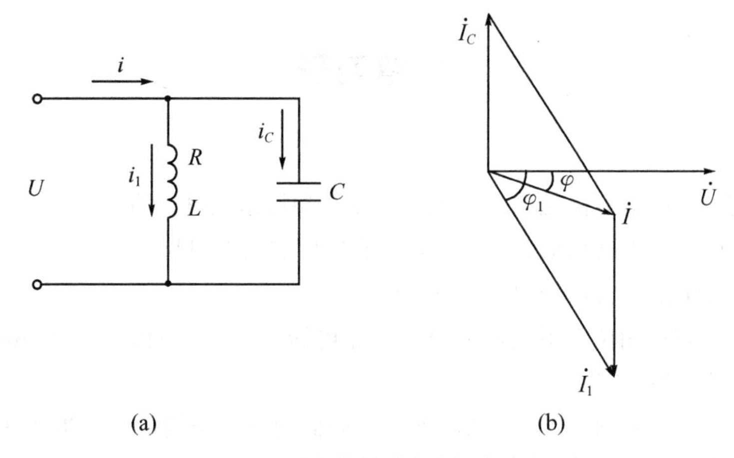

图 3－33　感性负载并联电容提高功率因数

并联电容器以后，感性负载的电流 i_1 和功率因数均未发生变化，但电路电压 u 和电流 i 之间的相位差 φ 变小了，即 $\cos\varphi$ 变大了。

需要注意的是：这里所讨论的提高功率因数是指提高电源或电网的功率因数，而某个感性负载的功率因数并没有变。

在感性负载上并联了电容器以后，减小了电源与负载之间的能量交换，这时，电感性负载所需的无功功率，大部分或全部是由电容器供给，就是说能量的交换现在主要或完全发生在电感性负载与电容器之间，因而使发动机容量能得到充分利用。其次，由相量图可知，并联电容器后线路电流也减小了，因而减小了线路的功率损耗。还需注意的是：采用并联电容器的方法，电路有功功率未改变，因为电容器是不消耗电能的，负载的工作状态不受影响，因此该方法在实际中得到广泛应用。

本章习题

一、判断题：

1. 正弦交流电的瞬时值是由平均值、角频率和初相位决定的。 (　　)
2. 如果正弦交流电的周期为 0.04 s，则它的频率为 25 Hz。 (　　)
3. 正弦交流电的最大值随时间作周期性变化。 (　　)
4. 两个频率和初相位都不相同的正弦交流电压，如果它们的有效值相同，那么它们的最大值一定相同。 (　　)
5. 用交流电压表测得交流电压是 220 V，则此交流电压的最大值是 380 V。 (　　)
6. 一只额定电压为 220 V 的白炽灯，可以接到最大值为 311 V 的交流电源上。 (　　)
7. 电阻元件上的电压的初相位一定等于零。 (　　)
8. 在同一交流电压作用下，电感越大，电感中的电流越小。 (　　)
9. 端电压相位超前于电流的电路一定是感性电路。 (　　)
10. 在交流电路中，如果电压与电流的相位差为零，该电路一定是纯电阻电路。 (　　)
11. 正弦交流电路中，无功功率就是无用的功率。 (　　)
12. 为了减少电路中的无功功率，通常需要提高功率因数。 (　　)
13. 平行板电容器的电容量与外加电压的大小是无关的。 (　　)
14. 电容量不相等的电容器串联后接到电源上，每只电容器两端的电压与它本身的电容量成反比。 (　　)
15. 电容器串联后，其耐压总是大于其中任一电容器的耐压。 (　　)
16. 电容器串联后，其等效电容总是小于其中任一电容器的电容量。 (　　)
17. 若干只电容器串联，电容量越小的电容器所带的电量也越小。 (　　)
18. 两个 10 μF 的电容器，耐压分别为 10 V 和 20 V，则串联后的耐压值为 30 V。 (　　)

二、计算题：

1. 已知某正弦交流电流 i 的初相为 30°，试求同频率正弦交流电压 u 在以下情况的初相。

   (1) u 与 i 同相；(2) u 与 i 反相；(3) u 超前 i 60°；(4) u 滞后 i 60°。

2. 已知一交流电压 $u=310\sin(314t+\frac{\pi}{4})\text{V}$。试求其最大值、频率、周期、角频率、初相位。

3. 已知 $i=I_m\sin(\omega t-\varphi)\text{A}$，$f=50\ \text{Hz}$，$I_m=200\ \text{A}$，$\varphi=45°$。试求电流的有效值及在 $t=0.002\ \text{s}$ 时的瞬时值，并绘出波形图。

4. 若 $i=i_1+i_2$，$i_1=10\sin(\omega t)\text{A}$，$i_2=10\sin(\omega t+90°)\text{A}$，则 i 的有效值为多少？

5. 已知 $u=100\sin(\omega t+\frac{\pi}{3})\text{V}$，$i=50\sin(\omega t+\frac{\pi}{6})\text{A}$。求 u 和 i 的初相位及它们的相位差，并绘出它们的波形图。

6. 一个 220 V/500 W 的电炉丝，接到 $u=220\sqrt{2}\sin\ (\omega t-\frac{2}{3}\pi)\ \text{V}$ 的电源上，求流过电炉丝的电流的解析式。

7. 已知一个电阻上的电压 $u=10\sqrt{2}\sin(314t-\frac{\pi}{2})$ V，测得电阻上所消耗的功率为 20 W，则这个电阻的阻值为多少？

8. 有两个电容器，一个电容器为 10 μF/450 V，另一个为 50 μF/300 V。现将它们串联后接到 600 V 直流电路中，问这样使用是否安全？为什么？

9. 某设备中需要一个 6000 μF/50 V 的电容器。而现有若干个 2000 μF/50 V 的电容器，根据现有元件，应采用何种方法才能满足需要？

10. 一个自感系数为 0.5 H 的线圈，忽略其电阻，把它接在频率为 50 Hz、电压有效值为 220 V 的交流电源上，求通过线圈的电流的有效值。

11. 一个线圈接在频率为 50 Hz 的电源上，如果用电压表测得线圈两端的电压为 150 V，用电流表测得通过线圈的电流为 3 A，线圈消耗的有功功率为 360 W，问这个线圈是否有内阻？电阻和电感分别是多大？

12. 收音机中某线圈的电感为 0.2 mH，试求当频率为 600 kHz 和 860 kHz 时的感抗。如果要产生 0.01 mA 的电流，在这两个频率下线圈两端所应加的电压为多少？

13. 有一个 $L=25$ mH 的线圈，测得电阻 $R=15\ \Omega$。试问通过线圈的电流为 20 A 时，加在线圈上的电压是多少？有功功率、无功功率、视在功率各是多少？（设 $f=$ 50 Hz）

14. 已知电容器的电容为 50 μF，在其两端加上频率为 50 Hz、有效值为 220 V、初相为 30°的电压，计算电路中电流的瞬时值以及电路中的无功功率。

三、问答题：

1. 正弦交流电的三要素是什么？

2. 若照明用交流电压 $u=220\sqrt{2}\sin 100\pi t$ V，下面说法正确的是哪个？
   （1）交流电压最大值为 220 V；
   （2）1 秒内交流电压方向变化 50 次；
   （3）1 秒内交流电压有 50 次达到最大值；
   （4）交流电压有效值为 220 V。
3. 已知某正弦交流电压 $u=311\sin(314t+45°)$V 请写出该交流电压的有效值 U、周期 T、频率 f、初相 φ 的表达式。

4. 已知某正弦交流电压的有效值为 100 V，频率为 50 Hz，初相为 -30°，写出该正弦交流电压的解析式。

5. 让 8 A 的直流电流和最大值为 10 A 的交流电流分别通过阻值相同的电阻，在相同的时间内，哪个电阻发热最大？为什么？

6. 正弦电流通过电阻元件时，下列各式是否正确？为什么？

(1) $I_{\mathrm{m}}=\dfrac{U}{R}$；(2) $I=\dfrac{U}{R}$；(3) $i=\dfrac{U}{R}$；(4) $I=\dfrac{U_{\mathrm{m}}}{R}$。

7. 在纯电容电路中，下列各式是否正确？为什么？

(1) $i=\dfrac{u}{X_C}$；(2) $i=\dfrac{u}{\omega C}$；(3) $I=\dfrac{U}{C}$；(4) $I=\dfrac{U}{\omega C}$；(5) $I=\omega CU$。

8. 在纯电感电路中，下列各式是否正确？为什么？

(1) $i=\dfrac{u}{\omega L}$；(2) $i=\dfrac{U}{\omega L}$；(3) $i=\dfrac{U_{\mathrm{m}}}{X_L}$；(4) $i=\dfrac{u}{X_L}$。

9. 一个电容器只能承受 1000 V 的直流电压，能否将它接到有效值为 1000 V 的交流电路中使用？为什么？

10. 为什么直流容易通过电感而不能通过电容？为什么高频电流容易通过电容，而不容易通过电感？

11. 比较纯电阻交流电路、纯电感交流电路、纯电容交流电路电压与电流的大小关系和相位关系。

12. 什么是功率因数？为什么要提高功率因数？通常通过功率因数的方法是什么？

第四章 实训：民用住宅单相供/配电线路设计与安装

第一节 实训一 低频信号发生器与示波器使用（交流电三要素测量）

一、实验目的

（1）学会示波器的使用方法。

（2）学会使用信号发生器。

（3）学会用示波器观察波形以及测量电压、周期和频率。

（4）了解正弦交流电的波形特点。

二、实验仪器

（1）ST16B示波器。

（2）YDS996A低频函数信号发生器。

（3）开关、导线等。

三、实验原理

1. 示波器简介

示波器能够简便地显示各种电信号的波形，是一种用途十分广泛的测量仪器。示波器用来观察电路中各点的波形，波器所测量信号幅度为信号的峰－峰值。ST16B示波器的面板功能见表4－1和图4－1所示。

表4－1 ST16B示波器的面板功能

序号	控制件名称	功 能
1	电源开关	接通或关闭电源
2	电源指示灯	电源接通时灯亮
3	亮度	调节光迹的亮度、顺时针方向旋转光迹增亮
4	聚焦	调节光迹的清晰度
5	校准信号	输出频率为1 kHz，幅度为0.5 V的方波信号，用于校正10∶1探极以及示波器的垂直和水平偏转因素
6	Y移位	调节光迹在屏幕上的垂直位置
7	微调	连续调节垂直偏转因素，顺时针旋转到底为校准位置
8	Y衰减开关	调节垂直偏转因素
9	信号输入端子	Y信号输入端
10	AC⊥DC（Y耦合方式）	选择输入信号的耦合方式。AC：输入信号经电容耦合输入；DC：输入信号直接输入；⊥：Y放大器输入端被接地。
11	微调、X增益	当在“自动、常态”方式时，可连续调节扫描时间因数，顺时针旋转到底为校准位置；当在“外接”时，此旋钮可连续调节X增益，顺时针旋转为灵敏度提高。

续表 4—1

序号	控制件名称	功　　能
12	X 移位	调节光迹在屏幕上的水平位置
13	TIME/DIV（扫描时间）	调节扫描时间因数
14	电平	调节被测信号在某一电平上触发扫描
15	锁定	此键按进后，能自动锁定触发电平，无需人工调节，就能稳定显示被测信号。
16	+、-（触发极性）电视	+：选择信号的上升沿触发 -：选择信号的下降沿触发 电视：用于同步电视场信号
17	内、外、电源（触发源选择开关）	内：选择内部信号触发；外：选择外部信号触发；电源：选择电源信号触发。
18	自动、常态、外接（触发方式）	自动：无信号时，屏幕上显示光迹，有信号时，与“电平”配合稳定地显示波形；常态：无信号时，屏幕上无光迹，有信号时，与“电平”配合稳定地显示波形；外接：X-Y 工作方式。
19	信号输入端子	当触发方式开关处于“外接”时，为 X 信号输入端； 当触发源选择开关处于“外”时，为外触发输入端。

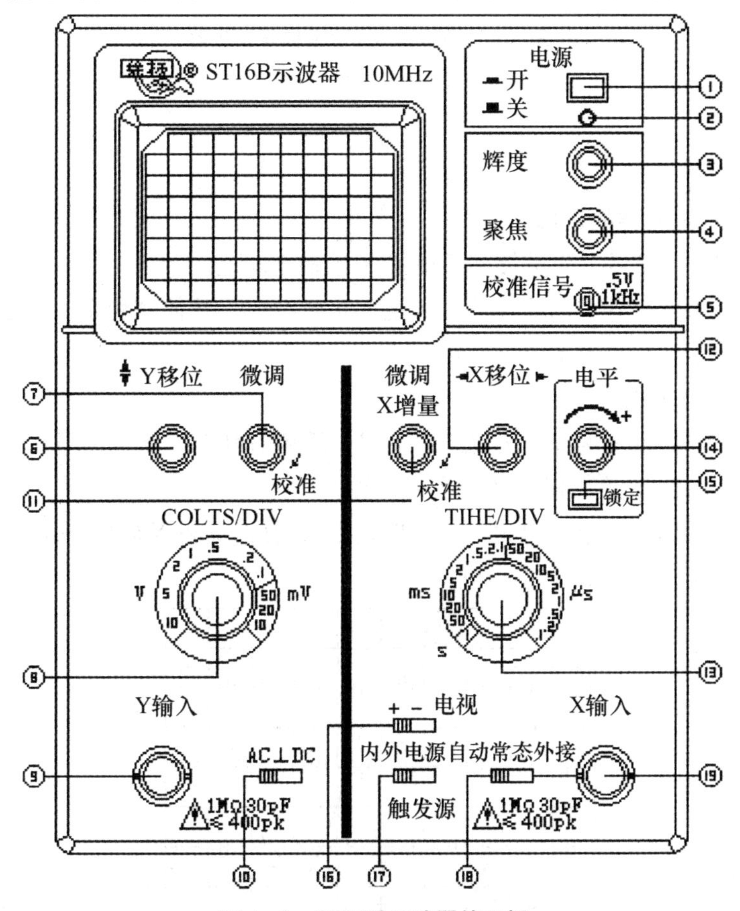

图 4—1　ST16B 示波器的面板

2. 函数信号发生器简介

函数信号发生器可产生正弦波、方波、三角波，波形的幅度、周期可调。

按下所需波形的选择功能开关；当需要小信号输出时，按入衰减器；调节幅度旋钮至需要的输出幅度。信号发生器如图 4-2 所示。

出于安全的考虑，本实验用示波器测试信号发生器产生的正弦波，其测试原理和方法与用示波器测试 220 V 交流电压是相同的。

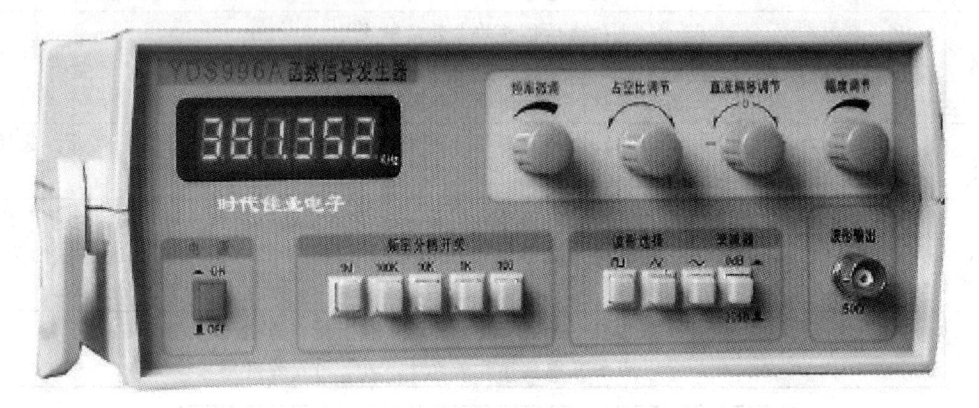

图 4-2　YDS996A 函数信号发生器

四、实验内容

1. 观察信号发生器的波形

(1) 将信号发生器的输出端接到示波器 Y 轴输入端上。

(2) 开启信号发生器，调节示波器，观察正弦波形，并使其稳定。(要注意信号发生器的频率与示波器的扫描频率的配合)

2. 测量正弦波电压

(1) 将示波器的耦合选择开关置于“AC”。低频信号发生器输出电压为 0.2 V (有效值)，频率为 $f=1$ kHz 的音频信号，送入 Y 轴。

(2) 根据被测信号的幅度和频率，合理选择 Y 轴衰减和 X 轴时基档级开关，并调节电平旋钮，使波形稳定，如图 4-3 所示。

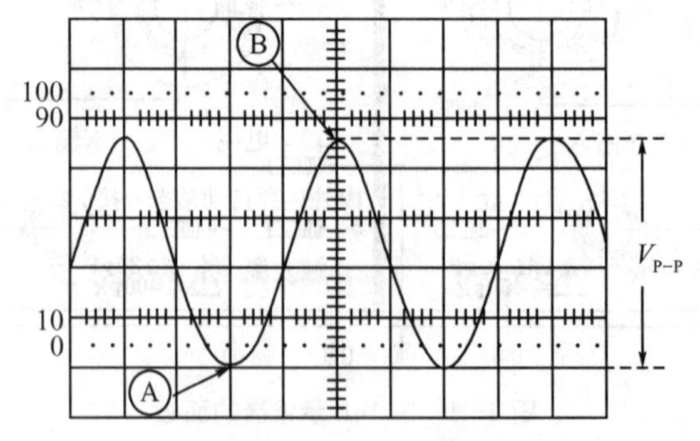

图 4-3　交流电压的测量

在示波器上调节出大小适中、稳定的正弦波形，选择其中一个完整的波形，测算出正弦波电压峰—峰值 V_{P-P}，即

$$V_{P-P}=（垂直距离 DIV）\times（档位 V/DIV）\times 10$$

式中：10——为探头衰减率。

$$V（有效值）=V_{P-P}/2\sqrt{2}$$

3. 测量正弦波形周期和频率

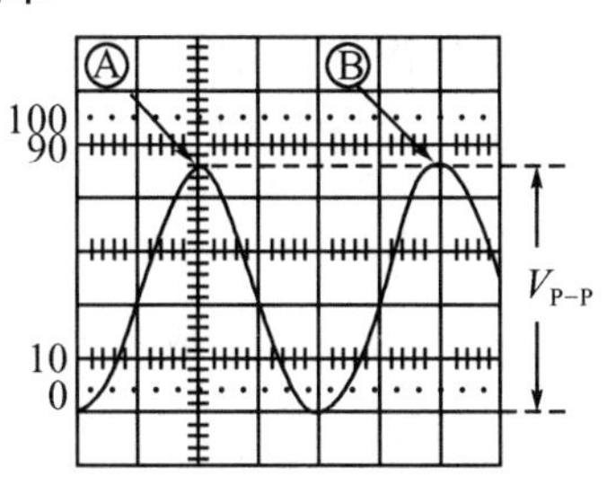

图 4－4　正弦波形周期的测量

在示波器上调节出大小适中、稳定的正弦波形，选择其中一个完整的波形，测算出正弦波的周期 T，如图 4－4 中的 A—B。即

$$T=（水平距离 DIV）\times（档距 t/DIV）$$

然后求出正弦波的频率

$$f=1/T$$

4. 初相位的定性观察

在示波器上调节出大小适中、稳定的正弦波形，选择其中一个完整的波形，调节 X 移位旋钮，使波形在荧光屏上水平移动，可定性观察波形初相位相对于荧光屏坐标原点的变化。

五、思考题

（1）示波器为什么能显示被测信号的波形？

（2）荧光屏上无光点出现，有几种可能的原因？怎样调节才能使光点出现？

第二节　实训二　用万用表测量市电

一、实验目的

（1）熟悉交流电压的测量方法。

（2）掌握串联交流电路中总电压与各分电压的关系。

（3）掌握并联交流电路中总电压与各分电压的关系。

二、实验仪器

（1）交流电源。

（2）白炽灯（220 V/40 W，220 V/25 W）各 1 只。

（3）日光灯镇流器 1 只。

（4）万用表 1 只（指针万用表或数字万用表）。

（5）导线、开关、插线板等。

三、实验步骤

将万用表转换开关置于交流 250 V 档，分别进行以下测量：

1. 测量单相二孔插座和单相三孔插座之间的电压值

记录测量结果，如图 4－5 所示。

a、b 之间电压为________；

d、e 之间电压为________；

d、c 之间电压为________；

c、e 之间电压为________。

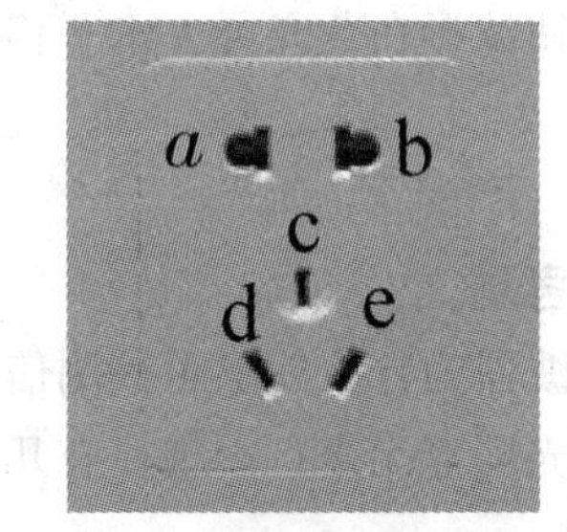

图 4－5　单相交流电压的测量

2. 串联电路

（1）将 40 W 和 25 W 白炽灯串联后接入电路中，测量总电压和两只灯泡两端的电压。

（2）将 40 W 白炽灯和日光灯镇流器串联后接入电路中，测量总电压和灯泡及镇流器两端的电压。

3. 并联电路

将 40 W 和 25 W 白炽灯并联后接入电路中，测量总电压和各灯泡两端的电压。

4. 将测量结果记入表 4-2 中

表 4-2　电压测量记录表

测量次数	总电压（V）	连接方式	灯泡 1 电压（V）	灯泡 2 电压（V）	镇流器电压（V）
1					
2					
3					

四、思考题

（1）以上所测量出的交流电压是最大值，还是有效值？

（2）两白炽灯串联的电路中，两灯泡的电压之和等于电路的总电压吗？为什么？

（3）白炽灯与镇流器串联的电路中，白炽灯两端电压与镇流器两端电压之和等于总电压吗？为什么？

第三节　实训三　白炽灯与开关安装

一、实训目的

（1）了解白炽灯的构造。

（2）认识照明电路中的各种电器元件。

（3）学会白炽灯照明电路的安装。

二、实训仪器和器材

灯泡，灯座，开关，电工木板，插头，插座，验电笔，万用表，工具。

三、实训原理

1. 白炽灯

白炽灯是第一代电光源，它的发光无需其他电器元件的配合，是较为常见的照明光源之一。但白炽灯的发光效率较低，寿命较短，一般用于室内照明或局部照明。白炽灯泡由灯丝、玻壳和灯头三部分组成。灯丝由钨丝制成；玻壳由透明或不同颜色的玻璃制成；灯头有卡口式和螺口式两种形式，螺口灯座比卡口式灯座接触和散热要好，如图 4－6 所示。白炽灯结构简单，价格低廉，相应的电路也简单。

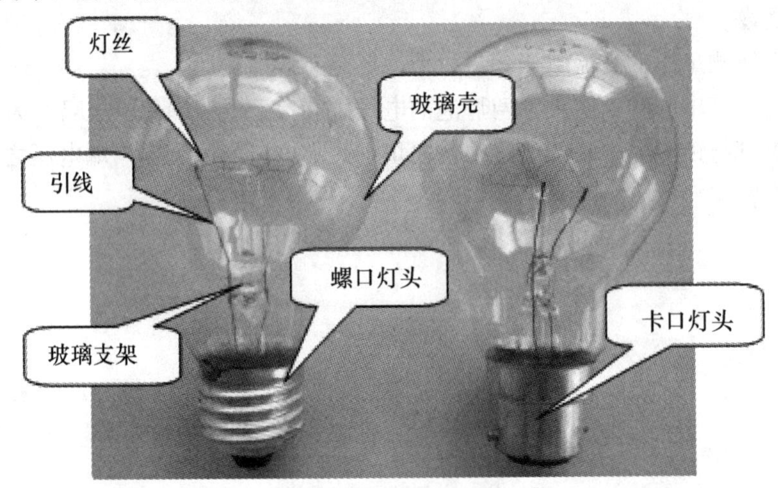

图 4－6 常用白炽灯

2. 常用灯座

常用的灯座有：卡口吊灯座、卡口式平灯座、螺口吊灯座和螺口式平灯座等，外形结构如图 4－7所示。

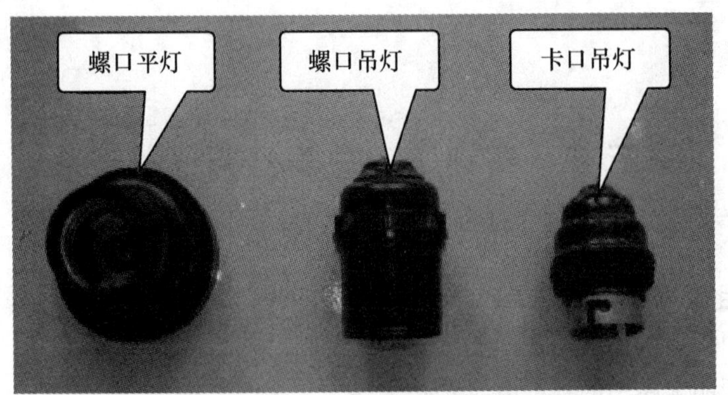

图 4－7 常用白炽灯灯座

3. 常用开关

常用开关有拉线开关、顶装拉线开关、防水拉线开关、平开关、暗装开关等，如图 4－8所示。

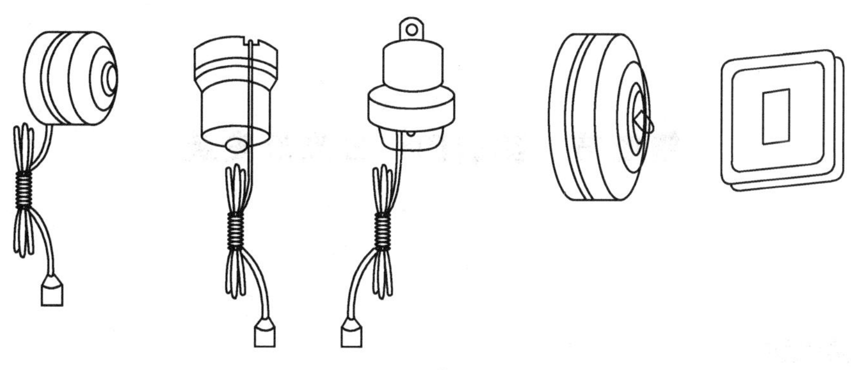

图 4-8　常用开关

4. 安装照明电路的原则

安装照明电路必须遵循的总的原则：火线必须进开关；开关、灯具要串联；照明电路间要并联。

四、实训内容与步骤

一个单联开关控制一个灯，电路如图 4-9 所示。

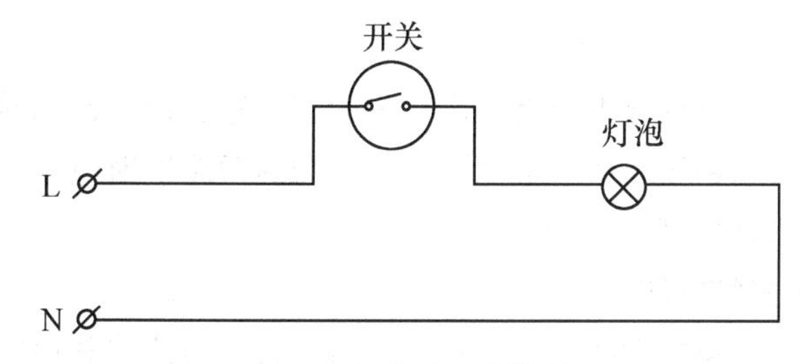

图 4-9　单联开关控制

(1) 用验电笔测出火线（L）和中性线（N）。

(2) 将开关、灯座固定在电工木板。

(3) 将导线剥线合适长度。

(4) 按照电路图连接导线。

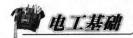

第四节　实训四　日光灯安装

一、实训目的

(1) 了解日光灯电路的结构和基本工作原理。

(2) 学会安装日光灯电路。

二、实训仪器和器材

日光灯电路元器件 1 套，电工木板，插头，插座，验电笔，万用表，工具。

三、实训原理

1. 日光灯管

日光灯管是一个在真空情况下充有一定数量的氩气和少量水银的玻璃管，管的内壁涂有荧光材料，两个电极用钨丝绕成，上面涂有一层加热后能发射电子的物质。管内氩气既可帮助灯管点燃，又可延长灯管寿命。

2. 电感镇流器日光灯电路

电感镇流器日光灯电路如图 4－10 所示。它由灯管、镇流器和启辉器联结而成，其组成元件及说明如图 4－11 所示。

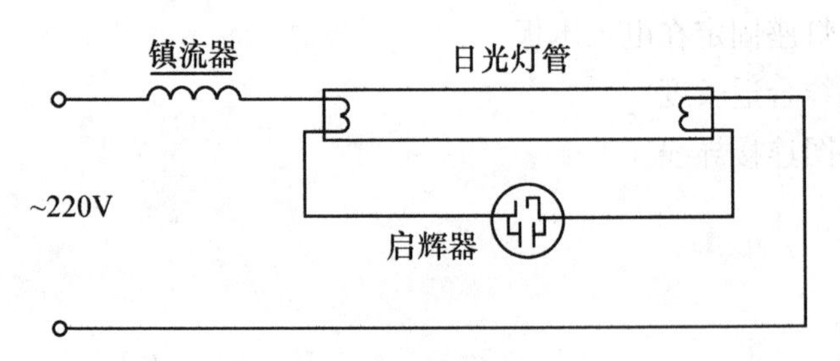

图 4－10　电感镇流器日光灯电路

由玻璃管、灯丝和灯丝引出脚等组成。玻璃管内抽成真空后充入少量汞及氩等惰性气体，管壁涂有荧光粉，在灯丝上涂有电子粉。

(a) 灯管

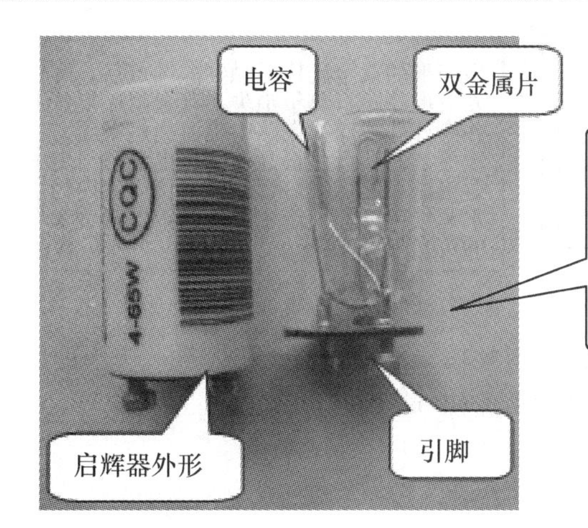
电容
双金属片
4-65W
CQC
启辉器外形
引脚
用来启燃荧光灯，其密封玻璃壳内装有双金属片和静触片，并充有惰性气体（氖气），当电压低时，启辉器处于断开状态，当电压高于150V时，启辉器两极周围氖气会产生辉光放电。启辉器的两端通常并联一只电容器，用以消除对无线电设备的干扰。

（b）启辉器

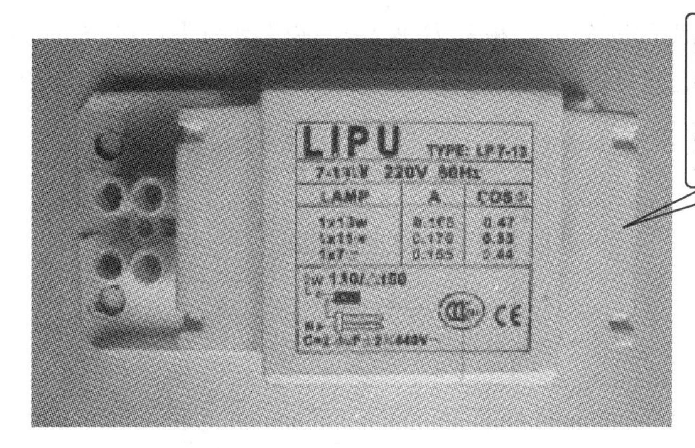
LIPU
TYPE: LP7-13
220V 50Hz
LAMP
A
CE
镇流器是带铁芯的电感线圈，启辉器断电时，镇流器产生的自感电势使荧光灯灯管汞蒸气放电点燃，荧光灯点亮后，它又可限制灯管电流。

（c）镇流器

图 4－11　日光灯电路组成元件及说明

3. 电感镇流器日光灯电路工作原理

日光灯的启动、工作过程如图 4－12 所示。

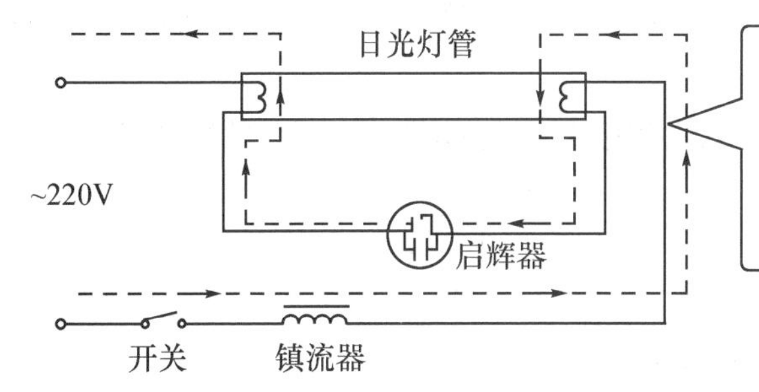
日光灯管
~220V
启辉器
开关
镇流器
当开关刚接通时，荧光灯未导电，启辉器内部双金属片与静触点之间的氖气在较高电压下发出辉光放电，放电电流一方面产生足够的热量使双金属片变形，另一方面放电电流流经灯管的两个灯丝，对灯丝进行预热。

（a）启辉放电过程

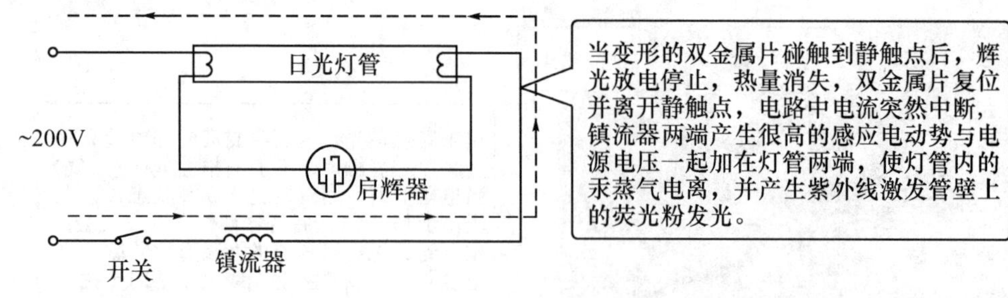

日光灯管
~200V
启辉器
开关
镇流器
当变形的双金属片碰触到静触点后，辉光放电停止，热量消失，双金属片复位并离开静触点，电路中电流突然中断，镇流器两端产生很高的感应电动势与电源电压一起加在灯管两端，使灯管内的汞蒸气电离，并产生紫外线激发管壁上的荧光粉发光。

(b) 启动后工作过程

图 4－12　日光灯启动、工作过程

4. 电子镇流器日光灯电路

电子镇流器日光灯电路如图 4－13 所示。

电子镇流器日光灯重量轻、安装容易、低压易启动、发光无闪烁、节能。但廉价的电子镇流器故障率高，尤其是市电波动大的地方更是如此。

很多产品的电子镇流器被分成两部分（*A* 板和 *B* 板）放在灯架两头，接线方法如图 4－13(a)所示。另一部分电子镇流器日光灯有六根导线，接线方法如图 4－13(b)所示。

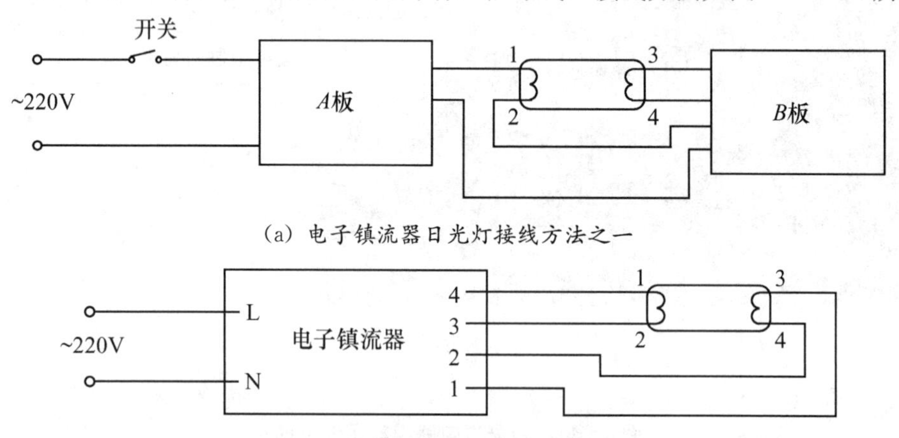

(a) 电子镇流器日光灯接线方法之一

(b) 电子镇流器日光灯接线方法之二

图 4－13　电子镇流器日光灯电路

5. 安装注意事项

(1) 灯管的功率和镇流器的功率要相同，否则，灯管不能发光或是使灯管和镇流器损坏。

(2) 如果所用灯架是金属材料的，应注意绝缘，以免短路或漏电，发生危险。

(3) 灯管内的水银蒸气有毒。

四、实训内容与步骤

(1) 先把两个灯座和启辉器座装在灯架上。

(2) 把镇流器固定在适当位置上。

(3) 按照图 4－10 所示日光灯电路接线。

(4) 安上启辉器和灯管。经教师检查后，接通 220 V 交流电源，看灯管是否发光。

第五节 实训五 电容与电感的色环与标称值认识

一、实验目的

（1）学会识别电容的标称值。

（2）学会识别电感的标称值。

二、实验器材

电解电容、瓷片电容、色环电容、色码电感、直标电感等。

三、实验原理

1. 常见电容的识别

电容器是组成电路的基本元件之一，是一种能储存电能的元件，在电路中作隔直、调谐、滤波、耦合和高频旁路等用。电容器的标称容量和偏差一般标在电容体上，其标志方法分为以下几种：

1）直接表示法（直标法）

直接表示法又称为直标法，是用阿拉伯数字、英文字母、罗马数字等表示电容器有关参数的方法。其优点是直接、清楚，缺点是数字及小数点容易丢失，故一般只用于大型元件。如图 4－14 所示。

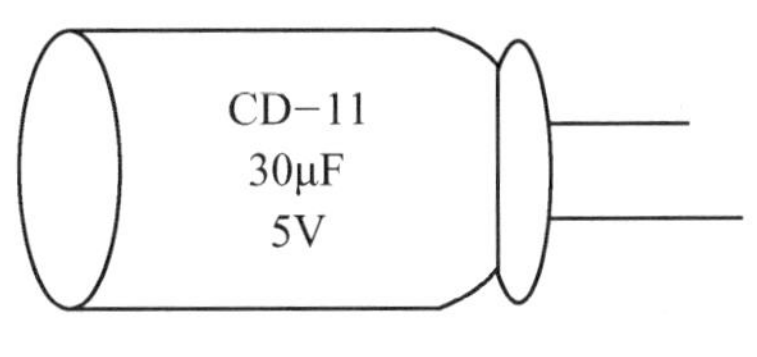

图 4－14 直标法

2）文字符号表示法

就是将电容器的容量、耐压及误差直接标注在电容上。通常是用表示数量的字母 m（10^{-3}）、μ（10^{-6}）、n（10^{-9}）和 p（10^{-12}）加上数字组合表示。标称电容量的标志符号及允许偏差的标志符号见表 4－3。

表 4－3 文字符号表示法的字母及含义

电容量		允许偏差	
文字符号	单位和十进制位数	文字符号	偏 差
p	皮法（10^{-12}法）	D	±0.5%
n	纳法（10^{-9}法）	F	±1%
μ	微法（10^{-6}法）	G	±2%
m	毫法（10^{-3}法）	J	±5%
F	法拉（10^{0} 法）	K	±10%
		M	±20%
		N	±30%

采用文字符号表示法时，容量的整数部分写在容量单位标志符号（p、n、μ、m 中的某一个）前面，容量的小数部分写在容量单位标志符号的后面，而表示偏差的字母则放在最后。例如：1p2 表示 1.2pF；220n 表示 0.22μF；μ33 表示 0.33μF；4m7 表示 4700μF；3n3 表示 3.3nF 等。

文字符号表示法克服了直标法中的缺点，但直观效果比不上直标法。这种方法在小型元件中采用较多，如图 4－15 所示。

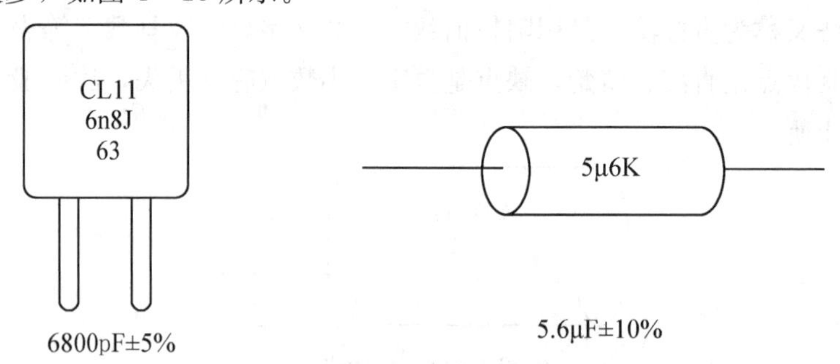

图 4－15 文字符号表示法标志的电容

3）数码表示法

元件表面用三位数码来表示元件的标称值的方法称为数码表示法。数码表示法规定：首两位为电容量的有效数字。第三位表示倍率，即乘以 10^{i}，i 的取值范围是 1～9，但 9 表示 10^{-1}。容量的标称单位为 pF。表示偏差的字母放在最后。如 102 表示 10×10^{2} pF＝1000 pF，223 表示 22×10^{3} pF＝22000 pF＝0.022 μF，474 表示 47×10^{4} pF＝0.47μF，159 表示 15×10^{-1}pF＝1.5 pF，472 K 表示标称容量是 4700 pF，允许偏差是 10%等。图 4－16 为数码法标志的电容器。

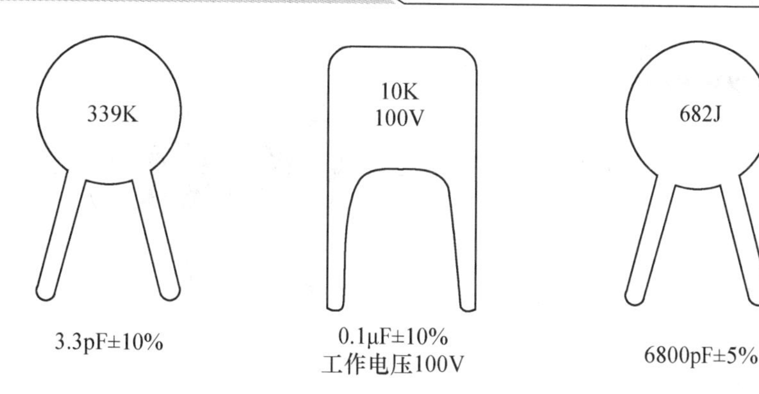

图 4－16　数码法标志的电容器

4）色标法（色码表示法）

电容器标称容量色码表示法有立式色环、卧式色环、色点表示三种，认读的方法与电阻阻值的色环法完全相同。颜色涂于电容器的一端或从顶端向引线侧排列。色码一般只有三种颜色，前两环为有效数字，第三环为倍率。值得注意的是，有些电容器有一条宽色环，它是表示二位相同的有效数字，电解电容引出脚附近的色点表示工作电压。电容器色码的基本单位是 pF。

图 4－17 为色码法标志的电容器。色标元件第一环、点按如下规则确定：

（1）金、银只能表示偏差环。

（2）橙、黄、灰只能表示第一环。

（3）离开元件尾部距离较远的一定是偏差环。

（4）偏差环的对面就是第一环。

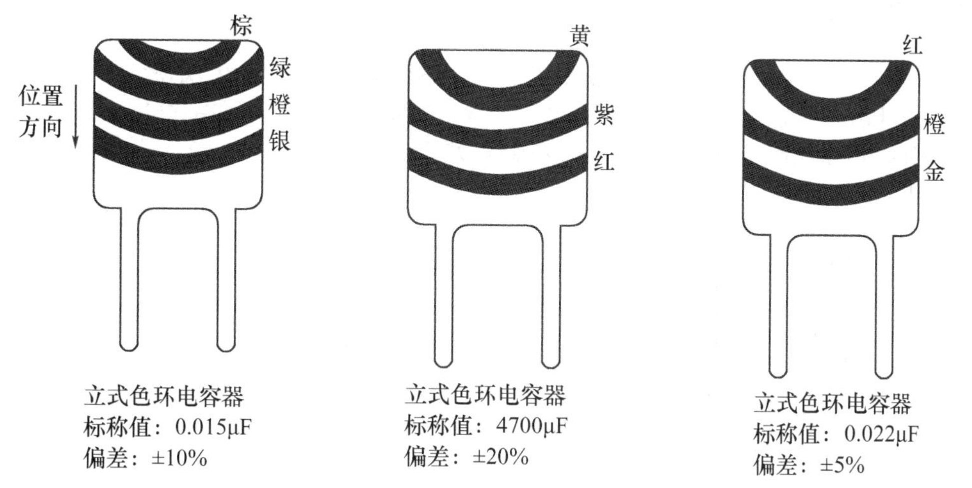

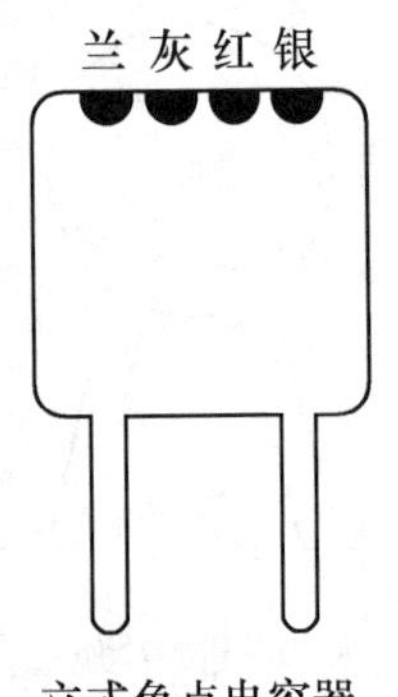

立式色点电容器
标称值：6800μF
偏差：±10%

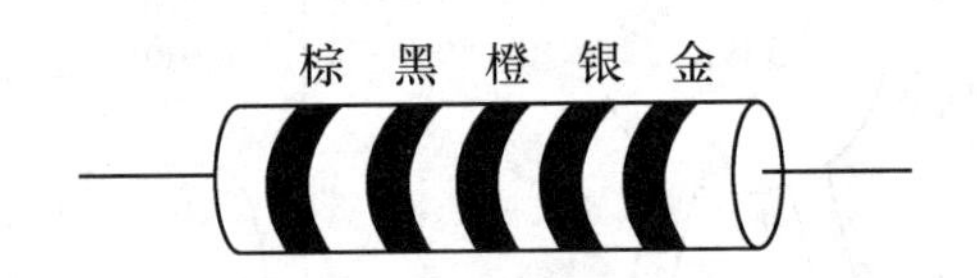

卧式色环电容器
标称值：0.01μF
偏差：±10%
工作电压：63V

图 4－17 色码法标志的电容器

2. 电感的识别

常用的电感器可分为两大类：一类是应用“自感作用”的电感线圈；另一类是应用“互感作用”的变压器。在无线电整机中，电感器主要指各种线圈。

电感线圈简称电感，电感线圈是组成电路的基本元件之一。在交流电路中，线圈有阻碍交流电流通过的作用。而对稳定的直流却不起作用（除线圈本身的直流电阻外），所以线圈可以在交流电路里作扼流、降压、交连、负载等用。当线圈和电容配合时，可以作调谐、滤波、选频、分频、退耦等用。

电感器的标称电感量及允许偏差在电感体上的标志方法与电阻、电容类似，也有直标法、文字符号表示、色标法等。电感线圈的标称电感量的单位为 μH。

1）直标法（直接表示法）

直标法的电感如图 4－18 所示。图中给出的为立式高频电感器，标称值为 4.7 mH，最大工作电流为 *B* 档（150 mA）。

2）文字符号表示法

与电阻、电容类似，标称值的整数部分写在单位标志符号之前，小数部分写在后。例如：3.6 mH 可写成 3m6；5.6 μH 可写 5μ6 等等。图 4－19 为用文字符号法标志的电感，图中为固定电感线圈，其标称值为 5.6 μH，允许偏差为 ±10%，最大工作电流为 *A* 档（50 mA）。

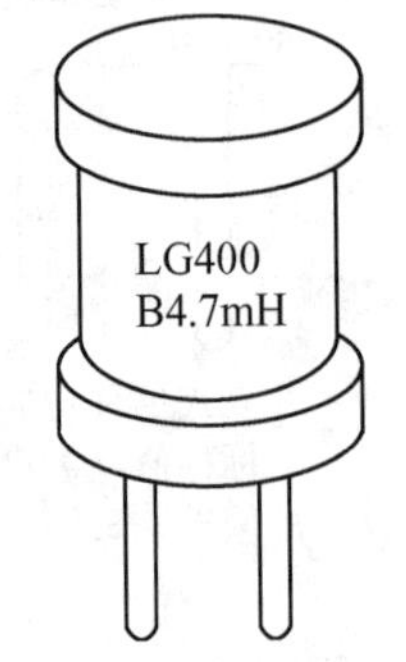

图 4－18 直标法标志的电感图

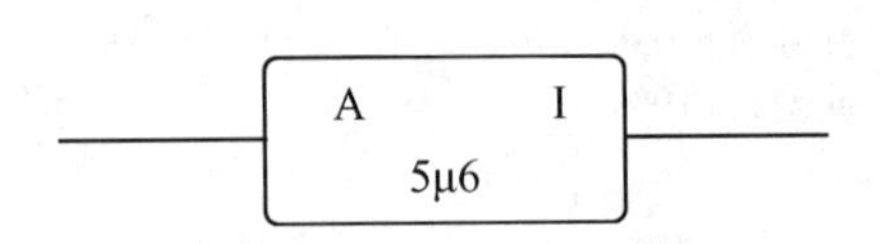

4－19 文字符号表示法标志的电感

3）色标法（色码法）

电感线圈标称值与允许偏差的色码表示法有立式色点 EL 型、卧式色环 SL 型两种。色环所表示的含义同电阻器、电容器一样。

图 4－20 为用色码标志的立式色点 EL 型和卧式色点 SL 型电感器。

对于用色标法标志的电感器，其第一环点的确定同样是非常重要的，有关的说明见电

容器标称值色标法的有关内容。

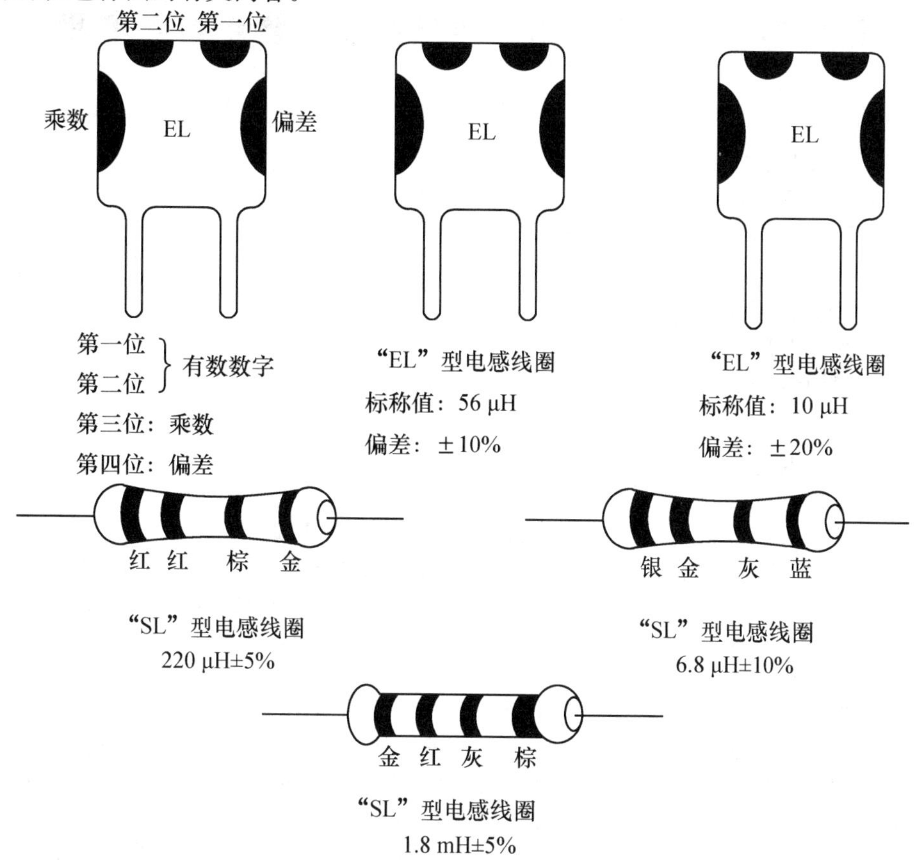

图 4－20　用色码法标志的电感器

四、实验内容

对所给的电容、电感进行识别。并将结果记入表 4－4 中。

表 4－4　电容与电感的色环与标称值认识

由数码（色码）写出电容值及偏差		由数码（色码）写出电感值及偏差	
数码（色码）	电容值	数码（色码）	电感值

第六节 实训六 用万用表简易测量电容与电感

一、实验目的

(1) 掌握用万用表简易测量电容和电感质量的方法。
(2) 学会用万用表判别电解电容的极性。

二、实验仪器和设备

(1) 指针式万用表。
(2) 各种型号的电容、电感。

三、实验原理

电容、电感的严格测量需用电桥或数字式电容电感测量仪等专用仪表。这里只介绍万用表简易测量电容、电感质量的方法，这是实际工作中常用的方法。

1. 万用表置于电阻档时，表笔颜色与内电源极性的关系

指针式万用表：黑表笔接的是内电源的正极，红表笔接的是内电源的负极。

数字式万用表：与指针式万用表相反。

2. 电容器的测量

将万用表置于电阻档，用两表笔分别搭接电容器的两引脚，万用表指针应先向顺时针方向摆动一下（500 pF 以下的小容量电容器基本观察不出摆动），然后指针逐步退回到“∞”处，对调红黑表笔，再重复测试一次，万用表指针顺时针方向摆动幅度应更大一些，然后指针再逐步退回到“∞”处。有时会出现万用表指针没有退回到“∞”处的情况，此时万用表的阻值读数就是该电容器的漏电电阻，漏电电阻值越大，电容器性能就越好。

3. 电感器的测量

用万用表只能通过测量电感线圈的直流电阻大致判别电感器性能的好坏。若测得线圈阻值无穷大时，表明线圈内部或引出端已断路，当线圈内部局部短路时，用万用表判别有一定的难度，可使用替换法测试。测试时万用表电阻档量程一般选用较小量程，如 $R\times1$ 档或 $R\times10$ 档。

四、实验内容及步骤

1. 电容器的质量判别

1）选择档位

选 Ω 档的 $R\times1\ \text{k}\Omega$ 档（应先调零）。用万用表测电容时，电阻档量程选用原则为：被测电容器容量越大，电阻档量程应越小。一般地：4.7 μF 以下选择 $R\times10$ K 档；4.7 μF 至 47 μF 选择 $R\times1$ K 档；47 μF 至 470 μF 选择 $R\times100\ \Omega$ 档；470 μF 以上选择 $R\times10\ \Omega$ 档或 $R\times1\ \Omega$ 档。

2）测量方法

一般电容：万用表黑红表笔可任意接电容的两根引线；电解电容：黑表笔接电解电容正极，红表笔接电解电容负极（电解电容测试前应先将电容器正、负极短路放电）。测试电容器时，如出现万用表指针指在“0”处，不回摆，则说明该电容器已短路；如万用表指针不动，则电容器已断路（小容量电容器除外）；如万用表指针停留在某一中间位置，则电容器严重漏电。测试中出现以上三种现象，表明电容器已损坏，不能使用。测量方法如图 4－21 所示。

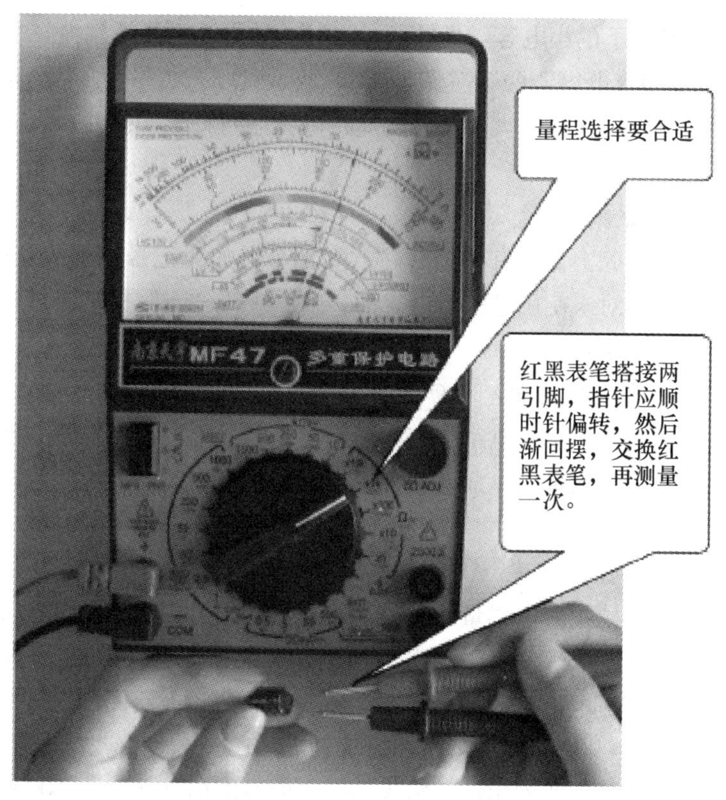
量程选择要合适
MF47
多重保护电路
红黑表笔搭接两引脚，指针应顺时针偏转，然后渐回摆，交换红黑表笔，再测量一次。

图 4－21　万用表测量电容器

3）测试时的现象和结论见表 4－5

表 4－5　万用表测量电容器时的现象和结论

分　类	现　象	结　论
一般电容	表针基本不动（指在∞附近）	好电容
电解电容	表针先大幅度右摆，然后慢慢向左退回∞	
一般电容	表针不动（停在∞上）	坏电容（内部断路）
电解电容		
一般电容	表针指示电阻值很小	坏电容（内部短路）
电解电容		
一般电容	表针指示电阻值很大（几百 MΩ＜阻值＜∞）	漏电（表针指示值即为漏电阻）
电解电容	表针先大幅度右摆，然后慢慢向左退不回∞处，（阻值＞几百 MΩ）	

4）测试时注意

（1）不能用两手并接在被电容的两端，否则人体的漏电电阻将影响判别结果。

(2) 对 5000 pF 以下的小电容，指针摆动（充、放电）不易看清楚，可在第一次测量后（即充电后），立即将电容器两脚对调，再测一次，这时又进行了一次充电，故表针将再摆动一次，而且比第一次幅度大一些。如此将电容器两脚多调换几次，就可以看见指针的明显偏转。

2. 电解电容极性的判别

一般电解电容器外壳上都标有“+”、“−”记号，如无记号则引线长的为“+”端，引线短的为“−”端（对未使用过的新电容而言）。“+”、“−”标记已模糊不清时，可用万用表判别。其方法如下：

(1) 选择档位：选 Ω 档的 $R\times1$ kΩ 档（应先调零）。

(2) 测量方法：表笔任意接电解电容的两脚测量电解电容的漏电阻，然后将两笔对调一下再测出漏电阻。两次测量中，漏电阻大的那次为正向接法，即黑表笔接的是电解电容正极。

3. 电感器质量的判别

与电容器一样，电感线圈电感量的测试也必须用万能电桥等专用测试设备进行测量，而用万用表 Ω 档只能通过测量电感线圈的直流电阻大致判别电感器性能的好坏。测量时注意：一般电感的额定直流电阻都很小（如小电感或有的高频扼流圈，一般只有零点几欧到几欧的额定直流电阻），故测量时一般选用万表的 $R\times1$ Ω 档，并应先调零，读数时应仔细辨认电阻值的大小。若测得线圈阻值无穷大时，表明线圈内部或引出端已断路，当线圈内部局部短路时，用万用表判别有一定的难度。测试时万用表电阻档量程一般选用较小量程，如 $R\times1$ Ω 档或 $R\times10$ Ω 档。

其方法如下：

(1) 选择档位：选 Ω 档 $R\times1$ 档。

(2) 测量方法：表笔任意接电感的两脚。

(3) 测试时的现象和结论见表 4−6。

表 4−6　万用表测量电感器时的现象和结论

现　　象	可能原因	结　　论
指针指示电阻很大	电感线圈多股线中有几股断线	坏电感，不宜使用
指针不动（停在∞上）	电感线圈开路	
指针指示电阻值为零	电感线圈严重短路	
指针指示电阻值为零点几欧到几欧		好电感

五、将电容器、电感器的测量数据分别记入表 4-7、表 4-8 中

表 4－7　电容器测量结果记录

序号	标称容量		万用表量程	指针摆动情况	质量分析
1	5000 pF 以下				
2	5000 pF～4.7 μF				
3	4.7 μF～47 μF				
4	47 μF～470 μF				
5	470 μF 以上				
6					
7					

表 4－8　电感器测量结果记录

序号	标称电感量	万用表量程	测量结果	质量分析
1				
2				
3				
4				
5				

第七节　大型作业实训　民用住宅单相供/配电线路设计与安装

一、实训目的

（1）熟悉低压进户线和进户装置结构形式，掌握民用住宅供、配电与分路配电装置的作用。

（2）设计民用住宅分路配电线路，正确选择导线、模数化配电箱、漏电开关、分路开关等，绘制、读识民用住宅分路配电线路电气接线图。

（3）掌握供、配电装置，分路配电装置的安装、调试、维护能力。

二、技能训练内容

（1）按要求设计居室分路配电线路，绘制电气接线图，正确选用导线、模数式配电箱、模数式开关等相关器件。

（2）按电度表接线要求对电度表进行接线。

（3）安装模数化分路配电箱。

（4）在配电箱内安装模数化组合式漏电保护器、分路开关等器件。

（5）用万用表对供、配电装置及分路配电箱进行检测。

（6）对模数化组合式漏电保护器、分路开关的性能进行简单测试。

（7）通电带载调试。

三、实训器材与工作原理

（一）导线的选择

1. 常用导线标称截面积（mm^2）

常用导线的标线截面积有 1 mm^2、1.5 mm^2、2.5 mm^2、4 mm^2、6 mm^2、10 mm^2、16 mm^2 等。

2. 常用绝缘导线的种类及选用见表 4-9

表 4-9 根据线路敷设方式选配的导线型号表

类别	线路敷设方式	导线型号	额定电压（kV）	产品名称	最小截面（mm^2）
配电线路	穿管	BV	0.45/0.75	铜芯聚氯乙烯绝缘电线	1.5
	线槽	BLV		铝芯聚氯乙烯绝缘电线	2.5
		BX		铜芯橡皮绝缘电线	1.5
	塑料线夹	BLX		铝芯橡皮绝缘电线	2.5
		BXF		铜芯氯丁橡皮绝缘电线	1.5
	瓷瓶	BLXF		铝芯氯丁橡皮绝缘电线	2.5

3. 导线安全载流量与截面的倍数关系

导线的安全载流量是根据所允许的线芯最高温度、冷却条件、敷设条件来确定的。一般铜导线的安全载流量为 5 A/mm^2～8 A/mm^2，铝导线的安全载流量为 3 A/mm^2～5 A/mm^2。

注意：此关系不是正比例；裸线安全载流量比绝缘线大，架空线比穿管线大，橡皮绝缘电线的载流量大于聚氯乙烯绝缘电线。

住宅电气电路一定选用铜导线，铜导电性能好、耐高温、耐过流、耐腐蚀和硬度方面铜都比铝高，所以现代装修一般不使用铝导线。

4. 计算导线截面积的方法与步骤

例：假设 $P=6000$ W。

1）计算工作电流

$$I=P/(U\times\cos\varphi)=6000\ \text{W}/(220\ \text{V}\times0.8)=34\ \text{A}$$

2）考虑公用系数

一般情况下，家里的电器不可能同时使用，所以加上一个公用系数，公用系数一般为 0.5。工作电流应该改写成

$$I=\text{公用系数}\times P/(U\times\cos\varphi)=0.5\times6000\ \text{W}/(220\ \text{V}\times0.8)=17\ \text{A}$$

3）考虑最大负荷电流

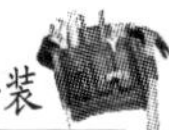

为了确保安全可靠，额定工作电流一般应大于2倍所需的最大负载电流，所以取额定工作电流为

$$I=2\times 公用系数\times P/(U\times\cos\varphi)=2\times0.5\times6000\ \mathrm{W}/(220\ \mathrm{V}\times0.8)=34\ \mathrm{A}$$

4）为以后需求留有余量

一般可取为额定工作电流的2倍。所以额定工作电流应修正为

$$\begin{aligned}I&=2\times[2\times(公用系数\times P/(U\times\cos\varphi)]\\&=2\times[2\times0.5\times6000\ \mathrm{W}/(220\ \mathrm{V}\times0.8)]\\&=68\ \mathrm{A}\end{aligned}$$

5）由 I 求导线截面积

$$S=I/(5\sim8)=0.125I\sim0.2I\ (\mathrm{mm}^2)$$

取上限：　$S=0.2I\ \mathrm{mm}^2=13.6\ \mathrm{mm}^2$

计算出来的截面积不是整数，向大一个线号靠，取 $S=16\ \mathrm{mm}^2$。

5．进户线

1）进户线颜色

（1）火线：红（黄、绿）。

（2）中性线：蓝。

（3）接地保护线：绿黄双色。

2）进户线及主开关规格选择

进户线规格是按每户用电量及考虑今后发展的可能性选取的，供电气装潢设计参考，常见住宅的进户线规格见表4－10。

表4－10　几种常见住宅的计算负荷及主开关的额定电流

住宅类别	计算负荷 kW	计算电流 A	主开关额定电流 A	电度表容量（A）	进户线规格
复式楼	8	43	90	30（100）	BV－3×25 mm^2
高级住宅	6.7	36	70	20（80）	BV－3×16 mm^2
120 m^2 以上住宅	5.7	31	50	15（60）	BV－3×16 mm^2
80 m^2～120 m^2 住宅	3	16	32	10（40）	BV－3×10 mm^2

注：当实际用电容量大于8 kW时，应考虑三相五线制配电。

（二）导线穿管

在建筑电器配电中常采用导线穿管敷设法，不允许直接将导线埋在墙内。从管子材质来分：有金属管、塑料管、瓷管等；从敷设方式看：有明、暗两种。

管径的粗细，主要根据导线的截面积、管内导线穿入的数目，管子敷设的总长度及敷设中拐弯处的多少来决定。

（1）配电干线采用三相电源供电，管内一般穿4根或5根导线。

（2）支线采用单相供电，管内一般穿 2 根或 3 根线。

（3）多联开关等照明电路，则多根共管可达 4～8 根导线。

（4）规范要求：导线截面积所占管内空间为 30%～40%以下。

（5）如暗线敷设必须配阻燃 PVC 管。

进户线不得与通讯线、电视线一起穿墙。进户线与通讯线、电视线交叉或接近时其距离不小于 0.3 m。管内穿线要求导线截面总和（包括绝缘层）不应超过管内有效面积的 40%（禁止导线将管内空间全部占满），最小管径不应小于 13 mm。

（三）电度表（电能表）

电度表是用来测量某一段时间内所消耗的电能的仪表。常见的电度表如图 4－22 所示。

(a)机械式

(b)电子式

(c)预付费式

图 4－22 电度表（电能表）

机械式电能表是用于交流电路作为普通的电能测量仪表，按照其工作原理可以分为：感应型、电动型和磁电型。它们共同的特点是都有一个可以旋转的可动体在磁场中转动，指示器是一个机械计度器。磁电型一般用作直流安培小时计。电动型则主要用于测量直流电能。感应型电能表记录的是电器消耗的有功电能，无功电能是不记录的，由于其具有结构简单、转动力矩大、工作可靠等优点，在我国各行业中使用最广泛、数量最多。

电子式电能表是由电压传感器、电流传感器、乘法器及模数转换器、微处理器、液晶显示等主要部件组成。通过微处理器快速分析处理与电路功率有关的数据，达到计量所需的正向、反向有功和无功电量、最大需量、分时电量、付费售电、负荷控制、失压监控以及其他功能。全电子多功能表同时还具有体积小、功能强、功耗低、精度高的优点，是电力系统和广大用户电能综合计量管理以及实现现代化管理的理想计量器具，是当前电能计量设备中新型的高科技产品。

预付费式电度表其实就是在普通电表上加装了一个读卡接口，只在读出卡上有电费的相关信息后才接通电路供电。当所购电量用完后，表内继电器将自动切断供电回路。IC 卡是将集成电路（存储器）封装在塑料基片中，数据的记录、读出由 CPU 芯片完成。IC 卡的优点是：信息量大、可加密，可靠性高；信息保存时间长、不易破坏（磁卡在外磁场下可消磁）；可以重复使用，成本低。

1. 铭牌标识

电能表型号的表示方式是用字母和数字的排列来表示的，内容如下：

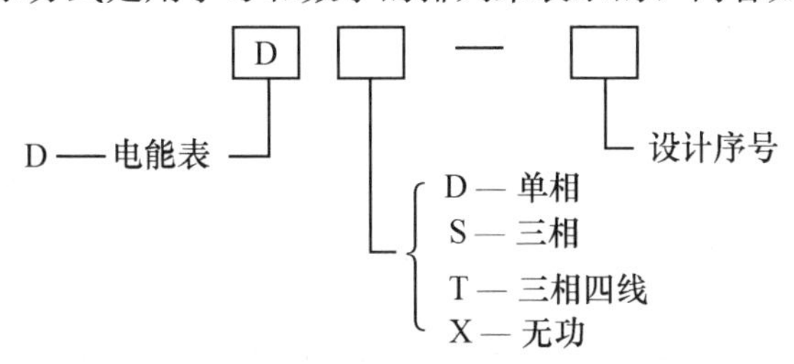

例如：DD862，220 V，50 Hz，5(20) A，600 r/kWh。其中：DD 表示单相电度表，数字 862 为设计序号。220 V、50 Hz 是电度表的额定电压和工作频率。5(20)A：括号前的电流叫基本电流值（又叫标定电流），作为计算负载基数用；括号内的电流叫额定最大电流，是电度表能长期正常工作，而误差与温升完全满足规定要求的最大电流值。该电度表允许室内用电器的最大总功率为 $P=UI=220\ \text{V}\times 20\ \text{A}=4400\ \text{W}$。600 r/kWh，电表每转 600 圈为一度电。

又例如：3×10(40)A，100 r/kWh。其中，3 表示三相电度表。

2. 接线方法

转盘式（感应型）单相电度表接线图如图 4－23 所示，图中的 1、3 为进线，2、4 接负载，接线柱 1 要接火线，这种电度表目前最常见而且应用最多。

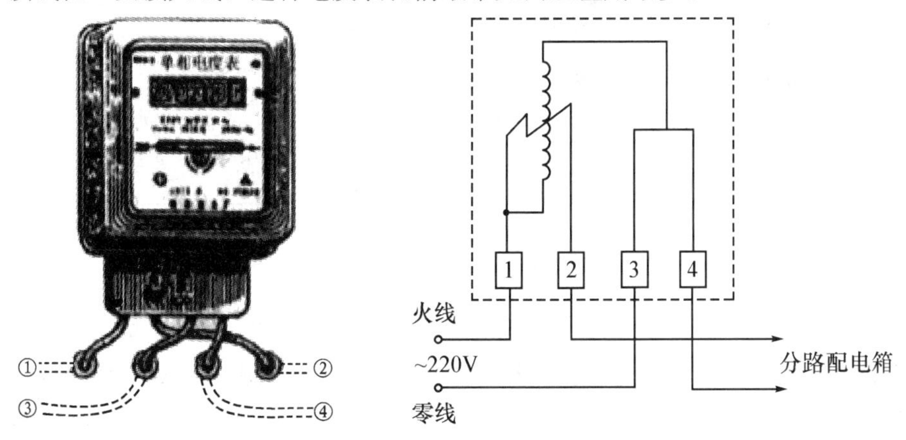

图 4－23 单相电度表接线图

3. 电能表一般安装要求

(1) 电能表应安装在干燥、不受振动的场所，在满足便于抄表的同时，还应有必要的防窃电的措施。

(2) 电能表应垂直安装，斜度不应超过 1°，安装高度以 1.4 m～1.7 m 为宜。多只电能表装在一起时，表间距不应小于 60 mm。

(3) 所有安装的电能表均应经有资格的计量检验部门校验合格后运行。

(四) 熔丝（保险丝）的选用

选用的保险丝应是电表容量的 1.2～2 倍。选用的保险丝应是符合规定的一根，不能以小容量的保险丝多根并用，更不能用铜丝代替保险丝使用。例如：使用容量为 5 A 的电表时，保险丝应大于 6 A 小于 10 A。

（五）空气断路器

空气断路器也叫空气开关，它是一种低压断路器，其功能是对居室的照明、插座、空调器等进行分路配电。常见的空气断路器如图 4－24 所示。

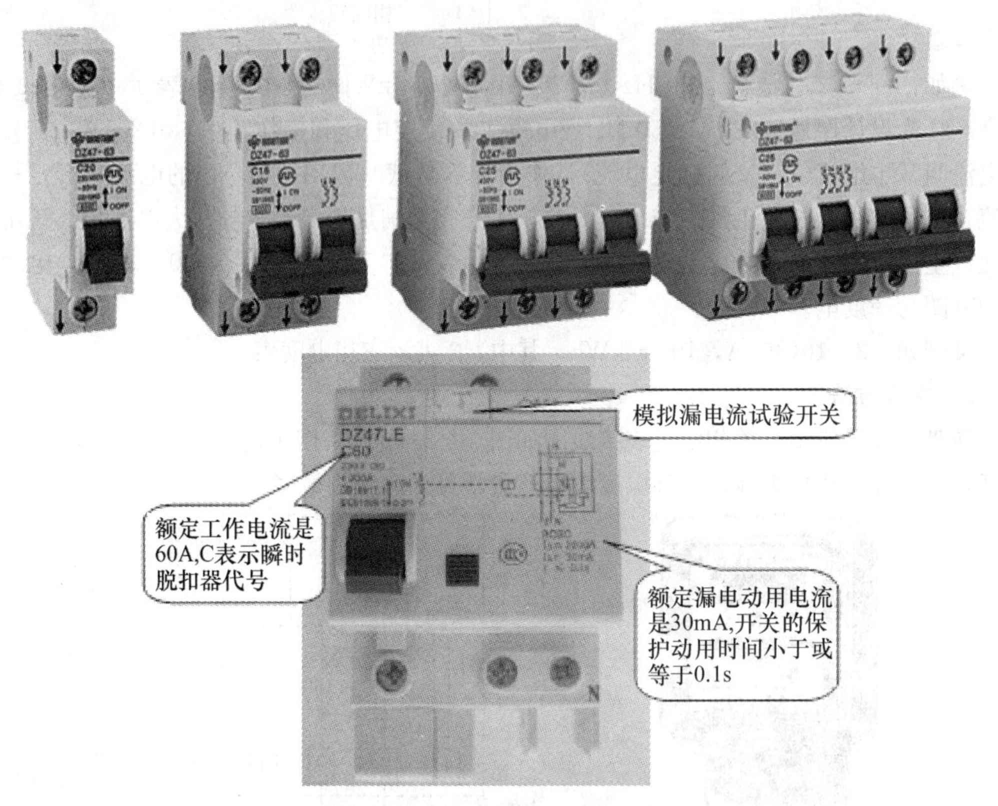

图 4－24　空气断路器（空气开关）

断路器在家庭供电中作总电源保护开关或分支线保护开关用。当住宅线路或家用电器发生短路或过载时，它能自动跳闸，切断电源。家庭一般用二极（即 2 P）断路器作总电源保护，用单极（1 P）作分支保护。断路器的额定电流如果选择的偏小，则断路器易频繁跳闸，引起不必要的停电；如选择过大，则达不到预期的保护效果，因此，正确选择额定电流大小很重要。

一般小型断路器规格主要以额定电流区分：6 A、10 A、16 A、20 A、25 A、32 A、40 A、50 A、63 A、80 A、100 A 等。

例如：DZ47－63 或 DZ47LE。DZ47 是型号，63 是额定电流 63 A，适用于额定电压 400 V，50 Hz 的频率。LE 表示带漏电保护。

（六）漏电保护器

漏电保护器是漏电断路器、漏电开关等的统称。它是防止人身触电及防止电器漏电的一种重要保护电器。电气设备漏电时，会发生两种异常现象：一是不带电的金属部分（外壳）出现较高的对地电压，在 380 V 或 220 V 的系统中，一相漏电，外壳对地电压达到 20 V～40 V 以上；二是设备对地的泄漏电流剧增，出现不平衡电流。漏电保护器就是通过检测机构，分别取得这些异常信号，经过中间转换与放大，传递到执行机构，将电源自动切断，从而起到保护作用的。

漏电保护器应垂直安装，电源进线必须接在漏电保护器的上方，即标有“电源”的一端；出线应接在下方，即标有“负载”的一端。如果进线与出线接错，俗称“反送电”，电保护器会被损坏。安装漏电保护器以后，被保护设备的金属外壳仍应采用保护接地或保护接零。

漏电保护器有漏电断路器、漏电开关、漏电保护插座之分。它们的工作原理基本相同。

漏电断路器不仅具有漏电保护功能，而且还具有过载和短路保护功能，主要用于保护供电线路以及为线路作不频繁切换之用；漏电开关具有漏电保护功能，一般不具备过载和短路的保护功能；漏电保护插座是一种在电源插座内装有漏电保护装置的组合式插座。

常见的漏电保护装置如图 4－25 所示。

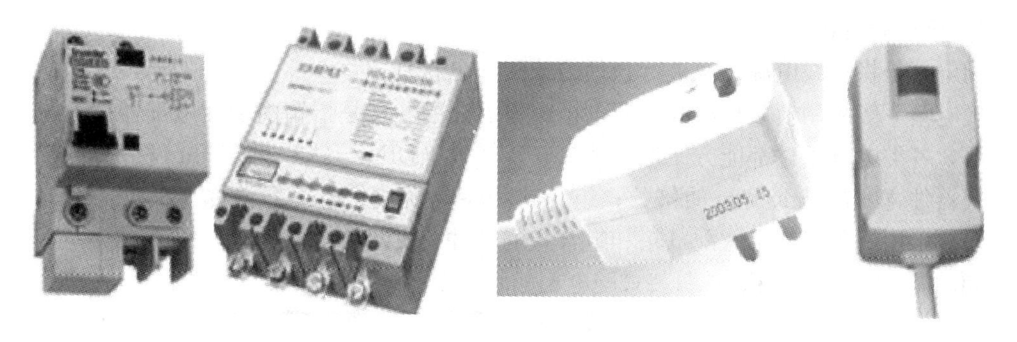

图 4－25　常见的漏电保护装置

漏电断路器的安装位置：

DZL18、DZL33、DLK 这三种电子式漏电断路器除具有人身电击保护作用之外，还具有过压保护的作用，但不具备过载保护作用，因此选用这种漏电断路器时，必须串联熔断器。

采用电磁式漏电断路器时，熔断器串在电度表和电磁式漏电断路器之间，如图 4－26(a)所示。采用电子式漏电断路器时，熔断器应该串联在漏电断路器之后，如图 4－26(b)所示。这是因为电子式漏电断路器需要辅助电源才能工作，熔丝装在电子式漏电断路器的后面，即使熔丝熔断，辅助电源也不会中断。

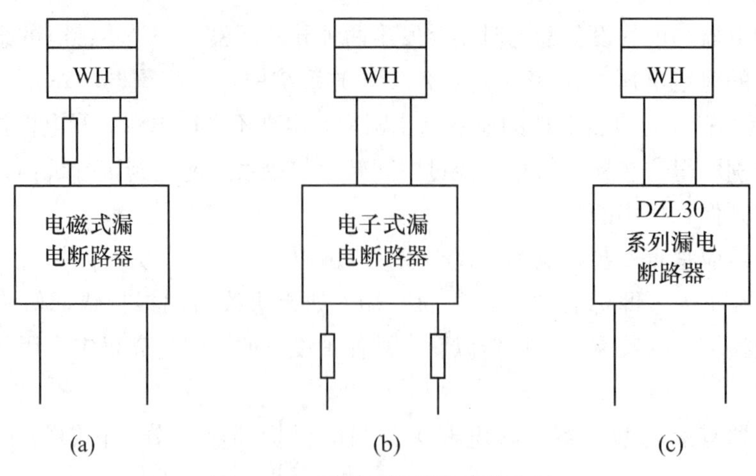

图 4－26　漏电保护器的安装位置

DZL30 系列漏电断路器是小型塑壳模数化断路器，它不仅具有电击保护功能，还具有过载和短路保护作用，采用这种漏电断路器时，不必装总熔丝，其接线如图 4－26(c)。

（七）配电箱的安装

1. 配电箱及用途

配电就是将进线电源功率进行合理的分配，也就是分路。

配电箱一般采用模数化组合式配电箱。模数化的涵义是指箱内卡装电气器件有统一安装形式，各类电气器件都能方便地卡装在安装轨上（DIN 导轨或叫 35 mm 标准导轨），各类电气器件宽度都是 18 mm 的倍数；组合式指各类模数化电气器件都能根据需要自由组合安装。采用模数化组合式配电箱和组合式的器件，安装、维修都很方便。

如图 4－27 所示是 PZ30 明装式配电箱的箱体及箱内附件安装实物图。

图 4－27　PZ30 明装式模数化组合式配电箱

2. 配电箱的安装

1）配电箱的安装位置

（1）配电箱应尽可能靠近供电电源的进线，同时也要考虑靠近控制负载的位置。

（2）配电箱底部距地面一般控制在 1.5 m～1.8 m 左右。

（3）配电箱箱体边缘与门、窗距离不小于 0.37 m。

2）配电箱的安装方式

配电箱的安装方式可分为明装和暗装，明装即悬挂式安装，适用于工矿企业，或作移动配电之用。暗装即嵌入式安装，适用于建筑大楼、住家居室。

四、实训内容与步骤

1. 要完成的任务

1）要求

（1）设计供、配电装置，包括选择导线截面积、电度表、配电箱、漏电开关、分路开关等。

（2）画电气接线图。

（3）完成分路配电装置的安装、调试。供、配电装置如图 4－29 所示。

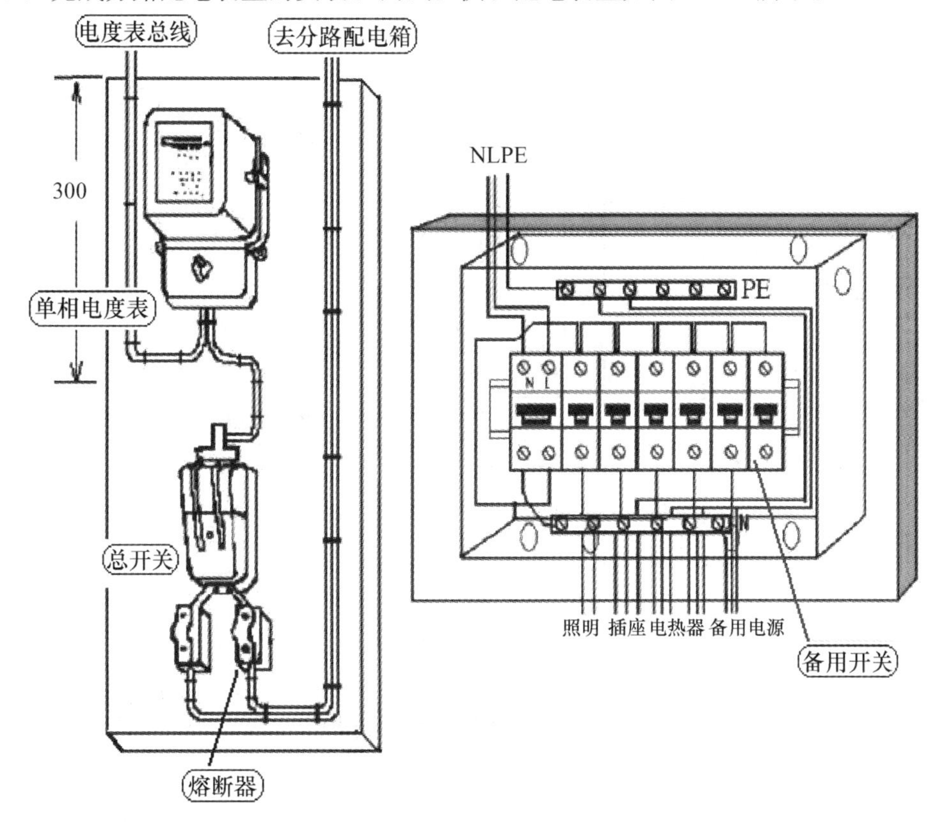

图 4－29　供、配电装置示意图

2）分路配电箱的设计

分路配电箱的作用是对用电器进行电量分配，更确切地讲，是对照明、空调、插座、厨房用电等进行分路控制。

以下分路配电设计的方法仅供参考：

（1）安装一个总开关。

（2）每一个空调分一路，用断路器进行过载、短路保护控制。

（3）将所有房间的照明分一路，用断路器进行过载、短路保护控制。

（4）将厨房、卫生间的插座分一路，用断路器进行过载、短路、漏电保护控制。

（5）将所有房间的插座分一路，用断路器进行过载、短路保护控制。

例如：有 150 m^2 三室二厅二卫一厨的住户安装分路配电箱。三居室各安装一个空调，客厅一个空调。共分四路：卫生间的插座单独分一路；厨房的插座单独分一路，其中卫生间的插座、厨房的插座需有漏电保护功能；其余房间插座再分一路；照明分一路。配电箱需安装一个两极总开关。

3）绘制电气接线图

绘制电气接线图如图 4－30 所示。

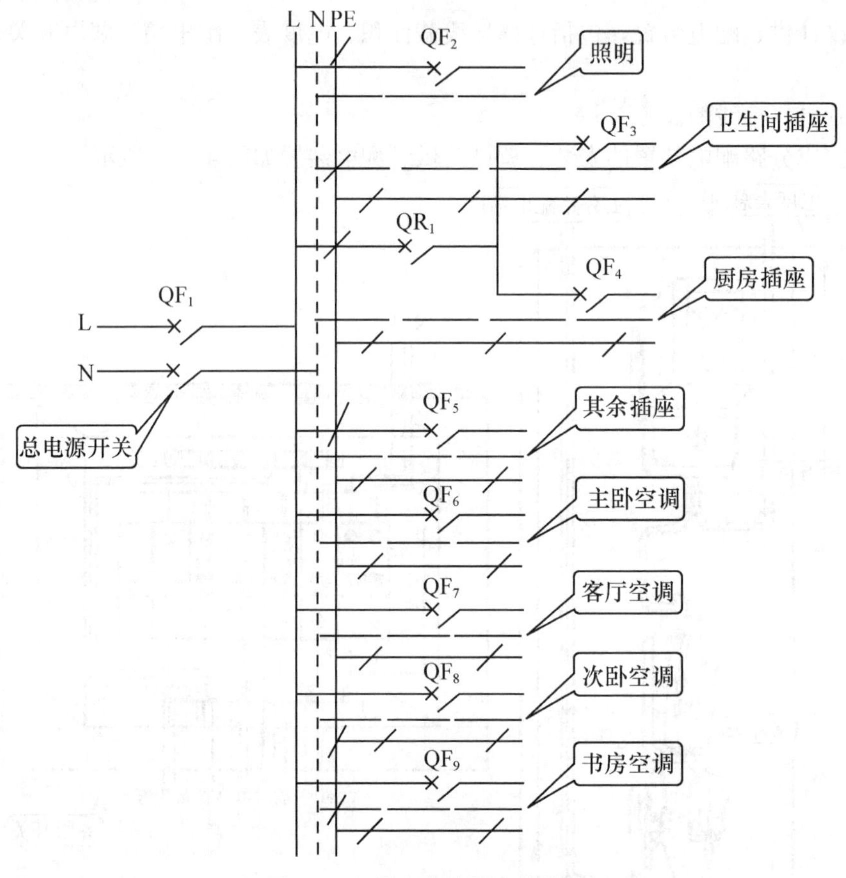

图 4－30 居家分路配电设计图

2. 实训步骤

1）准备工作

材料选用：安装板、单相电度表、闸刀开关、熔断器、分路配电箱、漏电保护器、分路模数开关等。

工具选用：卷尺、手电钻、钻头以及电工常用工具。

2）确定安装位置

在安装板上划出电度表、闸刀开关、熔断器、分路配电箱等的位置图，并固定相对应的器件。

3）安装分路配电箱

（1）用螺丝将配电箱固定在安装板上，检查配电箱中的安装轨、PE 排、N 汇流排、箱体接地螺栓等是否完整。

（2）安装箱内电气器件。

（3）分路配电箱内部接线都采用单股硬导线，截面积不小于 1 mm^2，导线与各开关连接处，采用螺栓连接或螺栓压接，导线不得有外露。配电箱中的 PE 排、N 排要严格区别，不能混淆。金属的配电箱其箱体必须作可靠的保护接地或保护接零。

4）供、配电装置的检查

（1）根据设计图纸检查接线是否正确，各电节点是否牢固、可靠。

（2）检查配电箱 PE 和 N 汇流排是否各自独立，互不干涉。

（3）配电箱箱体的保护接地是否与 PE 汇流排作可靠连接。

（4）检查各断路器、漏电保护器是否工作正常。

5）分路配电箱的检查

分路配电箱的检查可分三步进行，第一步检查分路配电箱，第二步作漏电试验，第三步通电带载调试。通电检查要将分路配电箱的进线与供、配电装置相接，出线与负载相接。

通电作漏电试验必须在实习指导教师的直接指导下进行。

附：

表 4－11　照明平面图常用图形符号

名　称	图形符号	名　称	图形符号	名　称	图形符号
照明配电箱		照明单极开关		暗装单相插座	
多种电源配电箱		拉线开关		暗装单相三极插座	
电力配电箱		暗装单级开关		明装三相四极插座	
事故配电箱		明装双控开关		暗装三相四极插座	
灯具的一般符号		拉线双控开关		单管荧光灯	
吸顶灯		明装双极开关		双管荧光灯	
壁灯		暗装双极开关		防爆荧光灯	
投光灯		暗装调光开关		多级开关	
花灯		明装单相插座		电度表	WH
风扇的一般符号		明装单相插座（带接地保护）		单级漏电保护断路器	

第三编
模块三：常用单相交流电路设备

第五章 理论：单相变压器与单相电动机

第一节 磁场的基本知识

一、磁场的基本物理量

与电场相似，磁场是在一定空间区域内连续分部的矢量场（有大小、有方向的场），描述磁场的特性有以下几个物理量。

1. 磁感应强度 B

磁感应强度 B 是表示磁场内某点磁场强弱及方向的物理量。B 的大小等于通过垂直于磁场方向单位面积的磁力线数目，单位是 T（特斯拉）。某点 B 的方向是经过该点的磁力线的切线方向。

2. 磁场强度 H

为了明确电流与它所产生磁场之间的数量关系，引入计算量 H，称之为磁场强度。

$$H=\frac{B}{\mu} \tag{5-1}$$

B 的单位为 T，磁场强度 H 的单位为 A/m（安/米）。

磁场强度 H 也是矢量，其方向与磁感应强度 B 的方向一致。

3. 磁通 Φ

它是表征某点磁场强弱的物理量，单位为韦伯（Wb）。

均匀磁场中磁通等于磁感应强度 B 与垂直于磁场方向的面积的乘积，即

$$\Phi=B\cdot S \tag{5-2}$$

磁通用 Wb/m^2（韦/米^2）作单位。

B 越大，S 越大，穿过这个面的磁感线条数就越多，磁通就越大。

4. 磁导率 μ

磁导率 μ 是表明物质导磁性能的物理量，在国际单位制中，磁导率的单位是 H/m（亨利/米）。真空的磁导率 $\mu_0=4\pi\times10^{-7}$ H/m。

其他媒介质的导磁特性常用相对磁导率表征，即该媒介质的磁导率与真空中的磁导率的比值，常用 μ_r 表示。

$$\mu_r=\frac{\mu}{\mu_0} \tag{5-3}$$

相对磁导率没有单位，它表明在其他条件相同时，媒介质中的磁导率相对于真空的磁导率的大小。表 5－1 给出了常见材料的相对磁导率。

表 5－1　常见材料的相对磁导率

物质名称	μ_r	物质名称	μ_r
钴	174	镍铁合金	60000
镍	1120	真空中融化电解铁	12950
软铁	2180	坡莫合金	115000
硅钢片	7000～10000	铝硅铁粉心	7
未退火铸铁	240	锰锌铁氧体	5000
已退火铸铁	620	镍铁铁氧体	1000

根据各种物质导磁性能的不同，可把物质分成 3 种类型：顺磁物质、反磁物质和铁磁物质。

顺磁物质：如空气、铝、铬、铂等，其 μ_r 稍大于 1。

反磁物质：如氢、铜等，其 μ_r 稍小于 1。

顺磁物质与反磁物质一般被称为非铁磁性物质。

铁磁物质：如铁、钴、镍、硅钢、坡莫合金、铁氧体等，其相对磁导率 μ_r 远大于 1，可达几百甚至数万以上，且不是一个常数。

铁磁物质被广泛应用于电工技术及计算机等方面。

磁性材料是生产、生活、国防科学技术中广泛使用的材料，如电力技术中的各种电机、变压器、电子技术中的各种元件和微波电子管，通信技术中的滤波器和增感器，国防技术中的磁性水雷、电磁炮、各种家用电器等。此外，磁性材料在地矿探测、海洋探测以及信息、能源、生物、空间新技术中也获得了广泛的应用。

二、基本电磁现象及定律

1. 电流的磁场

在变压器等各种设备中，通常都是由线圈通电来建立磁场的，电流大小和方向决定着它所产生磁场的强弱和方向。

1）右手螺旋定则

电流与它所产生的磁场的方向关系用右手螺旋定则来判定。判断通电直导线所产生磁场的方向时，用右手握向通电导线，大拇指代表电流方向，其他四指的环绕方向则为磁力线方向，如图 5－1(a)所示；判定通电线圈所产生的磁场方向时，用四指环绕方向代表线圈中的电流方向，则大拇指所指方向即为导线内部的磁场方向，如图 5－1(b)所示。

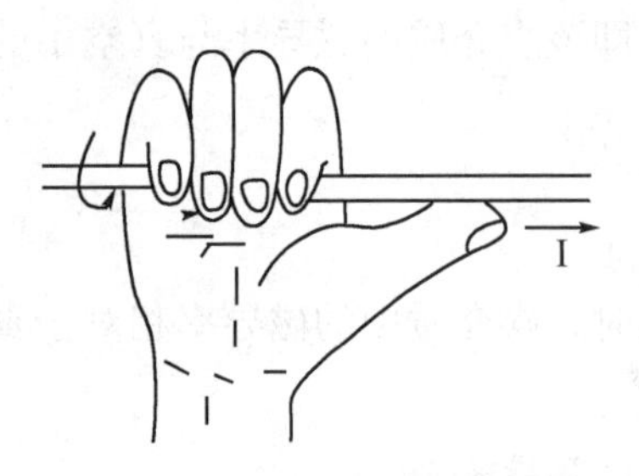

(a) 直线电流磁场的判定

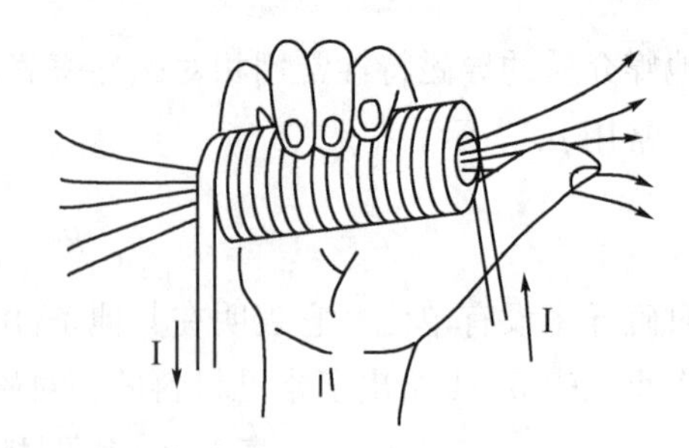

(b) 线圈电流磁场的判定

图 5－1 右手定则

2）全电流定律

全电流定律是研究电流与它所产生的磁场之间的数量关系的定律。内容为：磁路中磁场强度 H 与磁路的平均长度 L 的乘积在数值上等于 L 所包围电流的代数和 NI，这就是磁路的全电流定律。

如果构成磁路的材料不同，磁路可以分成 n 段，那么：

$$NI=H_1L_1+H_2L_2+\cdots+H_nL_n \tag{5-4}$$

如图 5－2 所示的电磁结构中，铁芯长度为 L，截面积为 S，线圈匝数为 N，通入电流为 I。根据全电流定律得

$$HL=NI$$

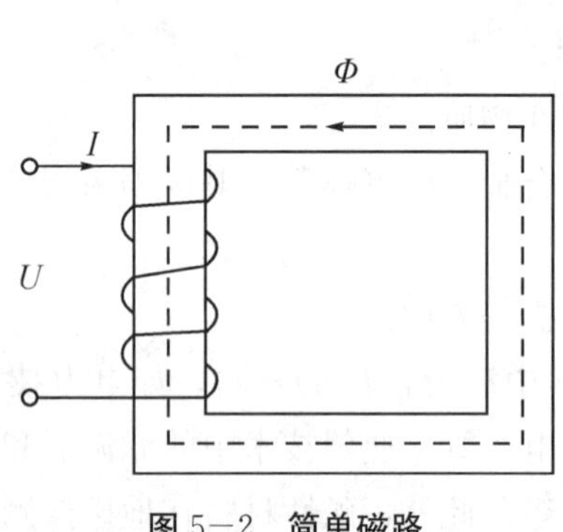

图 5－2 简单磁路

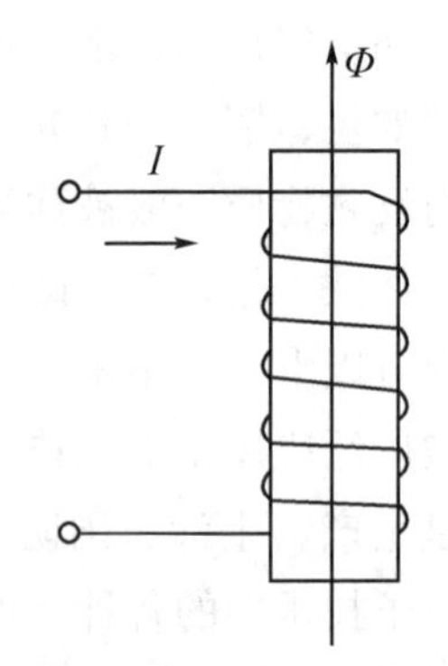

图 5－3 电磁感应

2. 电磁感应定律

电流能产生磁场，磁场也可以产生电流与电动势。

1）法拉第电磁感应定律

图 5－3 中，当穿过线圈的磁通发生变化时，线圈中将产生感应电动势 e。当 Φ 与 e 的正方向符合右手螺旋关系时，由电磁感应定律可确定产生电动势的大小与磁通之间的关系，由下式表示：

$$e=-N\frac{\Delta\Phi}{\Delta t} \tag{5-5}$$

即感应电动势的大小与线圈的匝数成正比（式中 N 为线圈的匝数），与磁通的变化率成正比，负号表示感应电动势总是阻碍磁通的变化。

由法拉第电磁感应定律可以证明：如果磁力线方向、导体放置方向和导体运动方向三

者互相垂直，则感应电动势 e 的大小为

$$e=Blv \tag{5-6}$$

式中磁感应强度 B 的单位为 T，导体有效长度 l 的单位为 m，运动速度 v 的单位为 m/s，感应电动势 e 的单位则为 V。

发电机就是应用导线切割磁力线产生感应电动势的原理发电的。

2）楞次定律

法拉第电磁感应定律只能确定感应电动势的大小，而感应电动势的方向要用楞次定律来确定。

感应电流产生的磁场总是阻碍原磁场的变化，这就是楞次定律。楞次定律解释了式（5－5）中负号的来历。

第二节　铁磁材料与磁路

一、铁磁材料

铁、钴、镍及其合金等高磁导率的物质称铁磁物质。

1. 铁磁材料的磁化

将图 5－3 的线圈中分别放入铁磁物质和非铁磁物质的芯子并通以相同的电流进行比较，发现放入铁芯的磁路，各点的磁感应强度增强很多倍，铁磁物质的磁导率远大于非铁磁物质，即具有高导磁性。

铁磁物质具有高导磁性的原因就是铁磁物质内部存在着大量的微小磁体，称之为磁畴。当铁磁物质未放入磁场前，磁畴呈现杂乱无章的排列状态，磁场相互抵消，对外不显示磁性，如图 5－4(a)所示。当将铁磁物质放入磁场中，在外磁场的作用下，磁畴将按外磁场的方向排列，从而使铁磁物质内的磁场大大增强，对外显示磁性，如图 5－4(b)所示。将铁磁物质从无磁性到显示磁性的过程，称作磁化。可见，铁磁物质具有高导磁性的实质是它能被磁化。

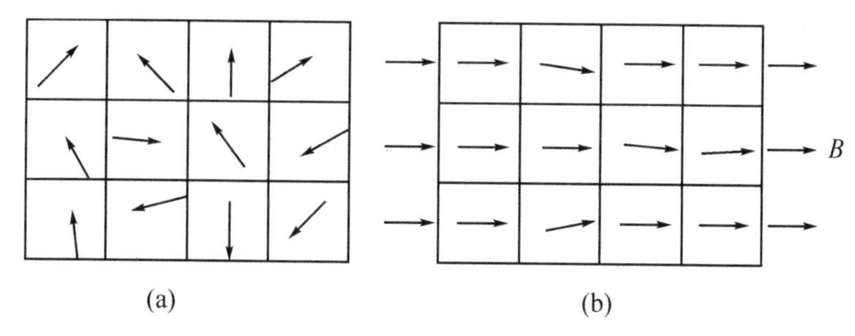

图 5－4　铁磁物质的磁化

2. 磁化曲线

图 5－2 所示的铁芯的线圈，当通入其中的电流 I 从零逐渐增大时，铁芯中各点的磁场强度 H 和磁感应强度 B 也都将随之增大，B 和 H 之间的关系用图 5－5 的曲线表示，

该曲线称磁化曲线。由于 H 与 I 成正比，Φ 与 B 也近似成正比，所以磁化曲线表示的也是 Φ 和 I 之间的关系。曲线中的 Oa 段上，H 值随电流 I 成正比增大时，B 值增长较快，且大致与 H 成正比。在 ab 段上，B 值增长逐渐变缓，这是因为大部分磁畴已按 H 的方向排列，可以转向的磁畴越来越少。在 b 点以后，磁化过程基本结束，H 增大，B 增长更加缓慢，这是因为内部磁畴基本和 H 方向一致，这种现象称磁饱和，即铁磁物质具有磁饱和性。

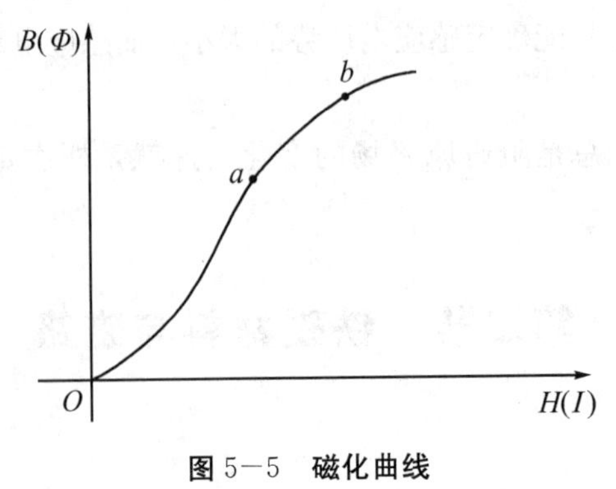

图 5—5　磁化曲线

3. 磁滞回线

当线圈中通入交流电流时，铁芯中磁场强度 H 和磁感应强度 B 也将随之交变，磁畴随 H 的方向变化也不断的翻转，以改变方向。由于磁畴要克服摩擦阻力，使得 B 的变化落后于 H 的变化，这种现象称为磁滞性。在交流电流磁场作用下，B 随 H 的变化曲线称磁滞回线，如图 5－6 所示。

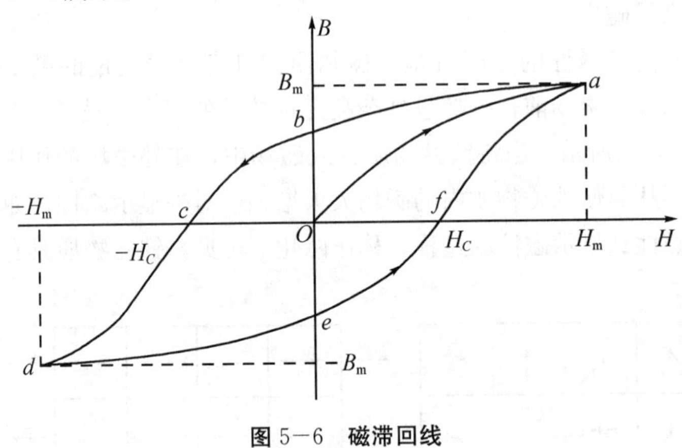

图 5—6　磁滞回线

二、磁路

1. 磁路及磁阻

磁通经过的路径叫做磁路。如图 5－7 所示，绕在铁芯上的线圈产生的磁通 Φ 在铁芯中流动。

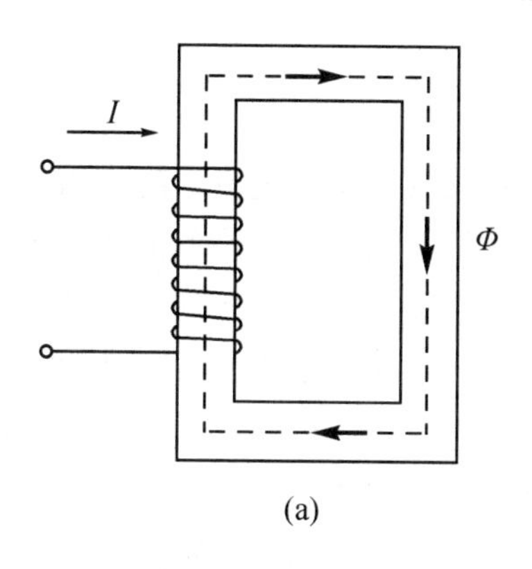

(a)

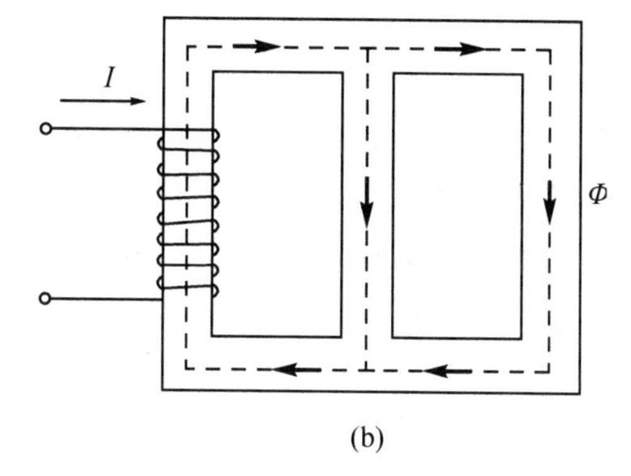

(b)

图 5－7　磁路

由于铁磁性材料具有较高的磁导率，导磁性能好，所以通常利用铁磁性材料做铁芯，以使磁通尽可能地集中在铁芯中。但是，空间内仍可能存在磁通，也就是存在漏磁现象。集中在铁芯内的大部分磁通称为主磁通，不在铁芯内的极小部分磁通称为漏磁通。由此可见，磁路中的磁通是由主磁通和漏磁通构成的。

通电线圈中的电流是产生磁通的原因，电流越大，磁场越强，磁通也越大。通电线圈的每一匝都要产生磁通，所有磁通合在一起构成了磁路中的磁通。线圈的匝数越多，磁通也就越大。通电线圈中的电流与线圈匝数的乘积被定义为磁动势（也称磁通势），即

$$E_m = NI \tag{5-7}$$

式中：E_m 为磁动势，I 为线圈中的电流，N 为线圈的匝数。磁动势的单位是安匝。

与电路中的情形相似，磁路中同样存在一个阻碍磁通的物理量，即磁阻。磁路中磁阻 R_m 与磁路的长度 L 成正比，与磁路的横截面积 S 成反比，与构成磁路的材料的磁导率 μ 成反比，可利用下面的公式描述：

$$R_m = \frac{L}{\mu S} \tag{5-8}$$

若磁导率 μ 以 H/m 为单位，长度 L 和截面积分别以 m 和 m^2 为单位，则磁阻的单位为 1/亨（H^{-1}）。

2．磁路的欧姆定律

通过磁路的磁通与磁动势成正比，与磁阻成反比，这就是磁路的欧姆定律：

$$\Phi = \frac{E_m}{R_m} \tag{5-9}$$

磁路与电路中的物理量具有一定的对应关系，见表 5－2。

表 5－2　磁路与电路的对应关系

电　　路	磁　　路
电流 I	磁通 Φ
电阻 $R=\rho L/S$	磁阻 $R_m=L/\mu S$
电阻率 ρ	磁导率 μ
电动势 E	磁动势 $E_m=NI$
电路欧姆定律 $I=E/R$	磁路欧姆定律 $\Phi=E_m/R_m$

三、涡流

当通过铁芯的磁通交变时，在铁芯的每个断面上形成旋涡状的电流，简称涡流，涡流造成的功率损耗称之为涡流损耗。凡是具有铁芯线圈这种结构的交流设备都会有磁滞损耗和涡流损耗这两种功率损耗，合称为铁芯损耗。减小磁滞损耗的方法是：采用导磁性能好的物质。减小涡流损耗的方法是：铁芯不用整块钢，而是用相互绝缘的硅钢片叠压而成。这样涡流不能在整块铁芯断面构成闭合路径，只能在每个硅钢片内流动，磁通变小，路径增大，掺入硅后又加大了电阻，大大减小了涡流，从而减小涡流损耗。

结构一定的具有铁芯的设备，其铁芯损耗的大小决定于交变磁场磁感应强度的最大值和频率。

置于随时间变化的磁场中的导体内也会产生涡流，如变压器的铁芯，其中有随时间变化的磁通，它在副边产生感应电动势，同时也在铁芯中产生感应电动势，从而产生涡流。这些涡流使铁芯发热，消耗电能，这是不希望有的。但在感应加热装置中，利用涡流可对金属工件进行热处理。

四、自感与互感

1. 自感

在如图 5－8 所示的电路中，合上开关 S，调节变阻器 R 的电阻，使两个同样规格的灯泡 A_1 和 A_2 达到相同的亮度。再调节变阻器 R_1 使两个灯泡都正常发光，然后断开开关 S。

再接通电路时可以看到，跟电阻串联的灯 A_2 立刻达到了正常的亮度，而跟有铁芯的线圈 L 串联的灯泡 A_1 却是较慢地达到了正常的亮度。为什么会出现这样的现象呢？这是因为在接通电路的瞬间，通过线圈 L 电流增强，线圈中的磁通也随着增加，在线圈 L 中产生了感应电动势，由楞次定律可知，这个感应电动势阻碍通过线圈的电流的增大，所以灯 A_1 只能较慢地达到正常的亮度。

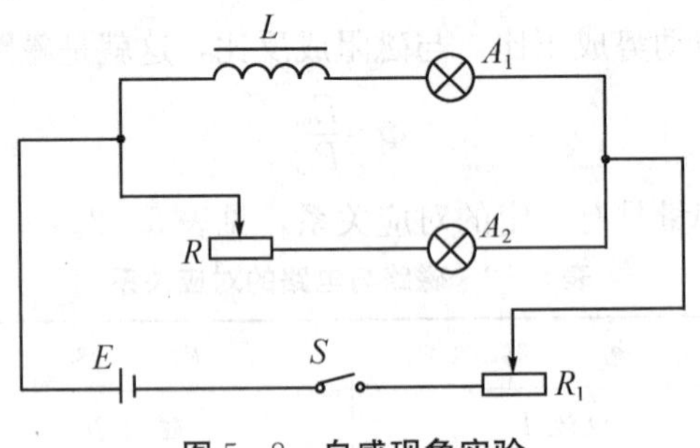

图 5－8　自感现象实验

由以上实验可以看出，当线圈中的电流发生变化时，线圈本身会产生感应电动势，这个电动势总是阻碍线圈中电流的变化。这种线圈由于本身的电流发生变化而产生感应电动势的现象，叫做自感现象，简称自感。在自感现象中产生的感应电动势，叫做自感电动势，通常用 e_L 表示。可以证明：

$$e_L = L\frac{\Delta I}{\Delta t} \tag{5-10}$$

式中，L 为线圈的电感。

2. 互感

1）耦合系数

如图5－9所示，两个靠得很近的线圈 a、b，当线圈 a 的电流发生变化，则穿过线圈 b 的磁通量发生变化，在线圈 b 中就会产生感应电动势；同样，如果线圈 b 中的电流发生变化时，线圈 a 中也会产生感应电动势。这种一个回路中的电流改变时，在附近其他回路中产生电磁感应的现象，叫做互感现象，简称互感，互感的大小可用互感系数来衡量，互感系数用符号 M 表示，单位也是H。

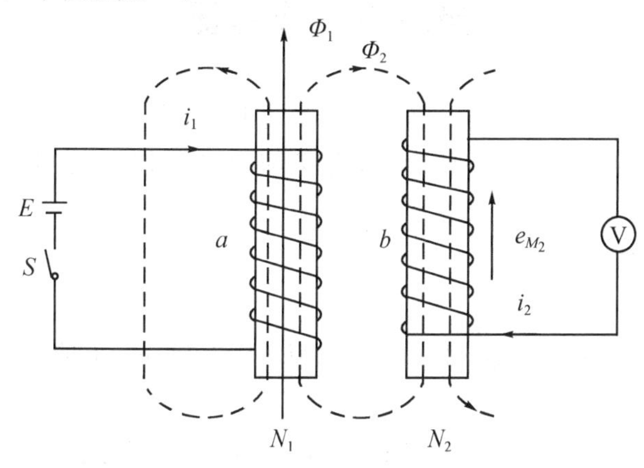

图5－9　互感现象实验

通过推导，我们可以得出

$$M = K\sqrt{L_1 L_2} \tag{5-11}$$

式中：L_1 和 L_2 为两线圈的自感。K 为耦合系数，$0 \leqslant K \leqslant 1$。$K=0$ 时，$M=0$，表示两个线圈的磁通互不交链，不存在互感；$K=1$ 时，一个线圈产生的磁通完全与另一个线圈相交，其中没有漏磁通，因此产生的互感最大，称为全耦合。

2）同名端

把在同一变化磁通的作用下，两个互感线圈感应电动势极性相同的一对端点叫做同名端，感应电动势极性相反的一对端点叫做异名端。同名端一般用符号“·”或“*”表示。

互感线圈的同名端是由两个线圈的绕向所决定的。有了同名端，我们就可以用电路原理图来画互感线圈，而不再需要把线圈的绕法画出来了。图5－10的电路原理图如图5－11所示。

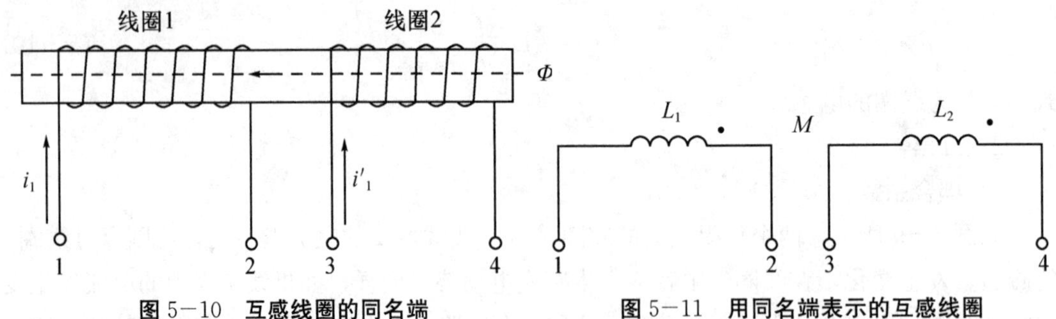

图 5－10　互感线圈的同名端　　　　图 5－11　用同名端表示的互感线圈

根据同名端的定义，可以看出图中的 2、4 为同名端或 1、3 为同名端。

第三节　变压器

变压器是利用电磁感应原理将一种频率的交流电压变换为同频率的另一种交流电压的静止的电气设备。它对电能的经济传输、灵活分配和安全使用具有重要的意义。

一、变压器的分类

1. 按用途分类

（1）电力变压器：在电力系统中，用于远距离传送和分配电能，有升压变压器、降压变压器和配电变压器等。

（2）特殊电源用变压器：如电炉变压器、电焊变压器、整流变压器等。

（3）实验变压器：专供电气设备作耐压实验用的变压器。

（4）仪用变压器：用于仪表测量和继电保护。如电流互感器和电压互感器。

（5）控制变压器：用于自动控制系统的小功率变压器、脉冲变压器，在电子设备中作为电源、隔离、阻抗匹配等的小容量变压器。

2. 按特征分类

（1）按相数分：单相、三相、多相变压器等。

（2）按绕组分：双绕组、自耦、多绕组变压器。

（3）按铁芯形式分：芯式、壳式变压器。

（4）按冷却方式分：干式、油浸式变压器。

二、变压器的基本结构

变压器一般由线圈、铁芯和骨架（外壳）等几部分组成。变压器的外形、原理图如图 5－12所示。

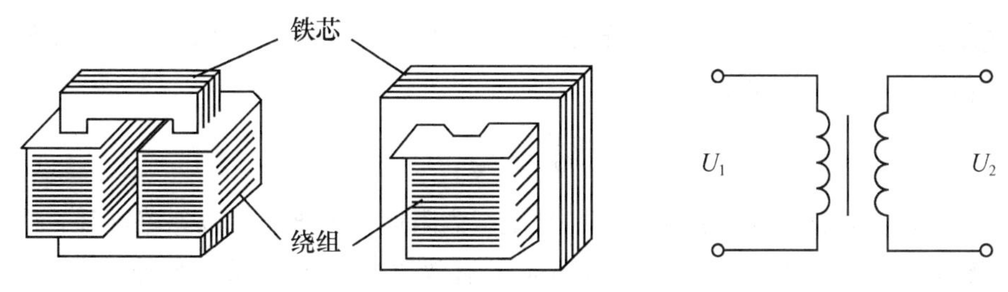

图 5－12　变压器的外形、原理图

变压器接电源的线圈称为初级，其余的线圈均称为次级。当初级加上电源电压后，在铁芯中产生交变磁场，由于铁芯的磁耦合作用，在次级线圈中产生感应电压。

1. 铁芯

铁芯是变压器的磁路部分，并作为变压器的机械骨架。为了减小涡流损耗和磁滞的损耗，铁芯一般由 0.35 mm 或 0.5 mm 冷轧或热轧硅钢片叠成。

按铁芯的构造，变压器又可分为两种形式：芯式变压器和壳式变压器。芯式变压器在两侧的铁芯柱上放置线圈，形成线圈包住铁芯的形状，如图 5－13(a)所示，这种形式结构简单、工艺简单、适用于容量大而且电压高的变压器，国产变压器大部分采用这种结构。壳式变压器则是在中间的铁芯柱上放置线圈，形成铁芯包住线圈的形状，如图 5－13(b)所示，这种结构常用在小容量变压器和电路变压器中。

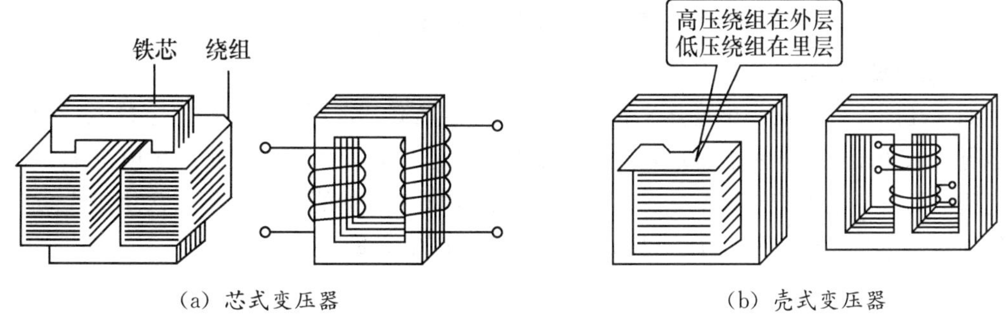

(a) 芯式变压器　　(b) 壳式变压器

图 5－13　单相变压器

2. 线圈

线圈在变压器中又称绕组，是变压器的电路部分。一般用绝缘扁铜线或圆铜线在绕线模上绕制而成。与电源连接的绕组称为一次绕组或原边绕组；与负载连接的绕组称为二次绕组或副边绕组。根据不同的需要，一个变压器可以有多个二次绕组，以输出多个不同的电压。为了分析方便，规定：与一次绕组有关的量下标为“1”，如：U_1、I_1、P_1；与二次绕组有关的量下标为“2”，如：U_2、I_2、P_2。

三、变压器的变换作用

1. 电压变换作用

理想的变压器模型如图 5－14 所示。让一次绕组与电压源相连，二次绕组不接任何负载，这时变压器处于空载运行状态，一次绕组上的电流 i_0 为空载电流。磁动势 i_0N_1 在铁芯磁路中产生交变的磁通 Φ。Φ 与一次和二次绕组交链，使得一次绕组和二次绕组上分别

感应出电动势 e_1 和 e_2。如果 $\Phi=\Phi_m\sin2\pi ft$，f 是交流电压源的频率，那么可以推出 e_1 和 e_2 的有效值 E_1、E_2 满足关系：

$$\frac{E_1}{E_2}=\frac{N_1}{N_2} \tag{5-12}$$

由于变压器的空载电流非常小，由一次绕组内阻形成的电压可以忽略不计，因而一次绕组上的感应电压 E_1 的有效值与交流电压源的有效值 U_1 近似相等。另外，由于二次绕组未接负载，其感应电压的有效值 E_2 就等于其端电压的有效值 U_2。因此

$$\frac{U_1}{U_2}\approx\frac{E_1}{E_2}\approx\frac{N_1}{N_2}\approx K \tag{5-13}$$

上式表明，变压器空载时，两绕组的电压之比近似等于匝数之比。这个比值 K 称为变压比，简称变比。$K>1$ 的变压器称为降压变压器；$K<1$ 时，则为升压变压器。

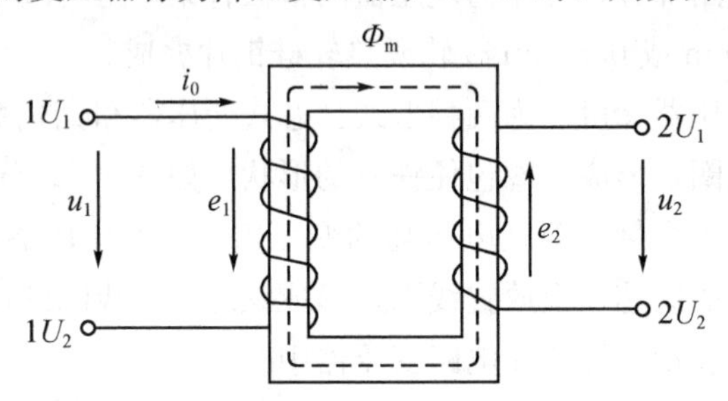

图 5-14　变压器的空载运行

2. 电流变换作用

如果在图 5-14 所示的变压器的二次绕组上接负载 Z，那么变压器由空载运行变为有载运行，如图 5-15 所示。变压器处于有载运行状态时，二次绕组上将产生电流 I_2。对理想变压器而言，根据能量守恒定律，一次绕组从电源获取的能量应等于二次绕组上负载消耗的能量，也就是说变压器 $P_1=P_2$，因而 $U_1I_1=U_2I_2$，即

$$\frac{I_1}{I_2}=\frac{U_2}{U_1}=\frac{1}{K} \tag{5-14}$$

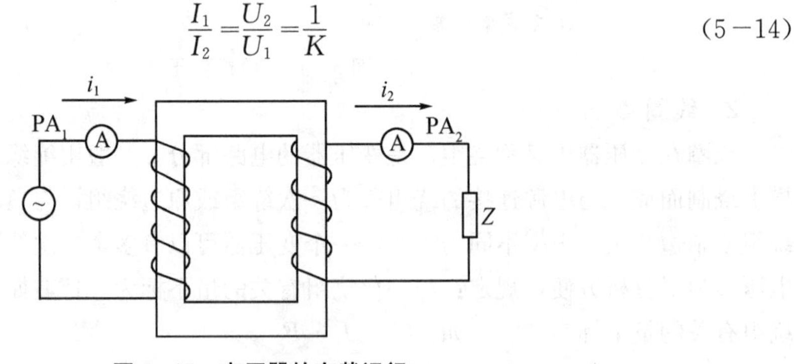

图 5-15　变压器的有载运行

可见：变压器在有载状态下工作时，一次绕组和二次绕组中的电流跟两个绕组的匝数成反比，可以通过改变变压器的匝数来改变电流。电流互感器就是根据这一原理制成的。

3. 阻抗变换作用

在电子电路中，常利用变压器将负载变得与信号源的内阻相等，以使负载获得最大功率，此时称为阻抗匹配。

从变压器一次绕组端看进去的等效阻抗称为一次侧的输入阻抗。假设变压器的输入阻抗的大小为$|Z_1|$，变压器的负载阻抗的大小为$|Z_2|$，可以证明：

$$|Z_1| = (N_1/N_2)^2|Z_2| = K^2|Z_2| \tag{5-15}$$

或

$$R_1 = K^2R_2$$

上式表明：如果在变压器的次侧接上负载Z_2，那么相当于使电源接上大小为$|Z_1| = K^2|Z_2|$的阻抗。

四、变压器的铭牌与主要性能指标

1. 变压器的铭牌

每台变压器上都有一个铭牌，其上标有变压器的型号、额定值和其他一些数据，便于使用者了解和选择变压器。

变压器的额定值是制造厂家设计制造变压器时规定的，是用户安全合理地使用变压器的依据。变压器的主要额定值如下：

1）额定电压U_{1N}/U_{2N}

U_{1N}为正常运行时一次绕组的额定电压的有效值，U_{2N}为一次侧加额定电压时二次侧处于空载状态的端电压的有效值。单位为 V 或者 kV。三相变压器中，额定电压指的是线电压的有效值。

2）额定电流I_{1N}/I_{2N}

根据变压器的允许发热而规定的一次、二次绕组中长期容许通过的最大电流，在三相压器中均代表线电流。单位为 A 或 kA。

3）额定容量 S_N

变压器在额定工作状态下，二次绕组的额定视在功率。变压器效率很高，大中型变压器效率高达 98%以上，故通常认为变压器一、二次侧的额定容量相同。单相变压器的容量为二次绕组的额定电压与额定电流的乘积，单位为 VA、kVA、MVA。单相变压器的额定容量为

$$S_N = U_{2N}I_{2N} \approx U_{1N}I_{1N} \tag{5-16}$$

三相变压器的容量为

$$S_N = \sqrt{3}U_{1N}I_{1N} = \sqrt{3}U_{2N}I_{2N} \tag{5-17}$$

4）额定频率 f

加在变压器一次绕组上的允许频率。我国规定的标准工作频率（即工频）是 50 Hz。

2. 变压器的主要性能指标

1）变比

原绕组输入电压与副绕组输出电压之比，等于它们的匝数比，比值 K 称为变比。

2）容量

在变压器铭牌上规定的容量就是额定容量。额定容量是在规定的整个正常使用寿命期间，如 30 年内，所能连续输出的最大容量。而实际输出容量为有负载时的电压（感性负

载时，负载时电压小于额定空载电压)、额定电流与相应系数的乘积。

3）电压变化率

当变压器向负载供电时，在变压器的负载端的电压必然会下降，将下降的电压值与额定电压值相比，取百分数即电压变化率，可用公式表示：

电压变化率＝［(次级额定电压－负载端电压)/次级额定电压］×100％

通常的电力变压器，接上额定负载时，电压变化率为4％～6％。

五、常用单相变压器

1. 小型电源变压器

小型电源变压器广泛应用在工业生产和日常用电上，一般输入220 V的交流电，通过副绕组的多个引出抽头，可得到3 V、6 V、12 V、24 V、36 V等不同输出电压。如机床电路中，用到36 V的安全电压和12 V、24 V的照明电压。

2. 自耦变压器

普通变压器的一次、二次绕组是相互分开的。如果把一次和二次绕组合二为一，如图5－16所示，就成为只有一个绕组的变压器，其中高压绕组的一部分线圈兼作低压绕组，这种变压器称为自耦变压器。

(a) 外形图

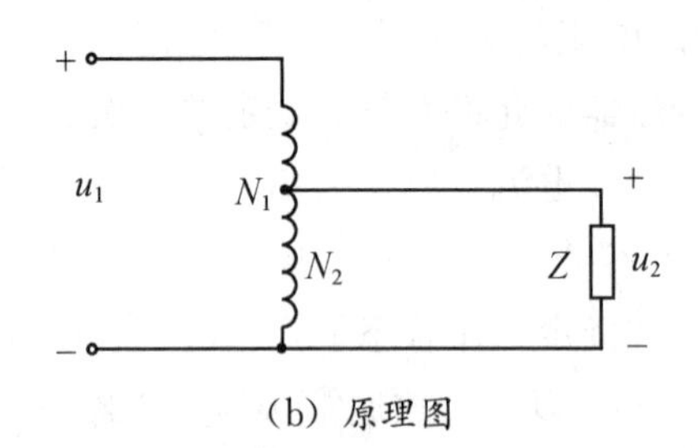

(b) 原理图

图5－16 自耦变压器的外形图和原理图

自耦变压器的优点是构造简单，效率高。但由于它的高低绕组有电的联系，所以一、二次侧电流的绝缘必须采用同一等级。这不但增加成本，而且对工作人员来说很不安全，所以自耦变压器不能作为安全电源变压器，并且它的电压比一般在1.5～2。

第四节　单相异步电动机（选学内容）

一、单相异步电动机的结构及特点

单相异步电动机属于中小型电动机，其容量从几瓦到几百瓦，只要有220 V交流电源的地方就可以使用。

（1）结构：由定子和转子两个基本部分组成。

（2）特点：容量小、效率低，但是它结构简单，成本低廉，噪声小，安装方便，因而

广泛地应用在家庭、工农业生产、医疗等场所。它还具有家用电器心脏之称，它是电风扇、洗衣机、电冰箱、空调、抽油烟机、吸尘器等家用电器的动力机，在人们的生活中占有很重要的位置。

二、单相异步电动机的起动转矩

单相异步电动机的定子绕组通过单相交流电后只能形成一个脉动的磁场，这个脉动的磁场可以认为是由两个大小相等、转速相同，但转向相反的旋转磁场所合成的。当转子静止时，两个旋转磁场分别在转子上产生出两个转矩，其大小相等、方向相反，合转矩为零，因此，转子不能自行启动。若给予转子一个外力转矩，则转子会按照外力转矩的方向旋转，显然，转子的方向由外力转矩的方向来确定。

为了解决单相异步电动机不能自行启动（没有启动转矩）的问题，各种不同类型的单相异步电动机采用的方法也不同，下面以单相电容式异步电动机为例来说明。

三、电容起动电动机的工作原理

单相电容式异步电动机主要由定子和转子两个基本部分组成，还包括轴承、端盖、风叶等，如图 5－17 所示。

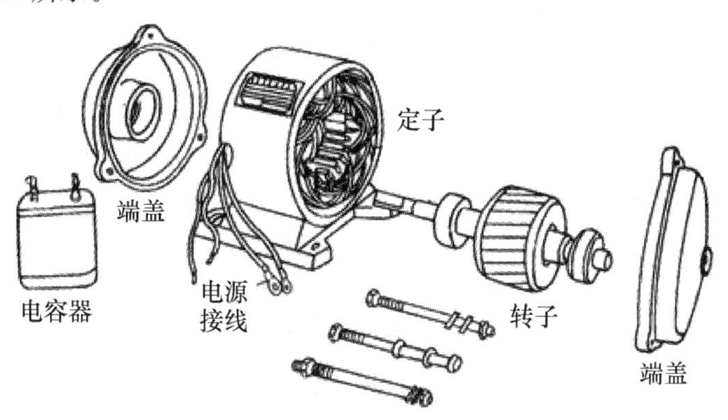

图 5－17 单相电容式异步电动机的结构

单相电容式异步电动机在工作时，副绕组中串联了一个适当的电容后和主绕组并联接在单相交流电源上，如图 5－18 所示。选择一个容量适当的电容（此时副绕组支路呈电容性），能够使主绕组中的电流 i_1 滞后副绕组中的电流 i_2 90°，由此，两个相位相差 90°的电流在相互垂直的两个线圈中也能形成一个旋转磁场，如图 5－19 所示。在旋转磁场的作用下，单相异步电动机得到了启动转矩而自行转动。

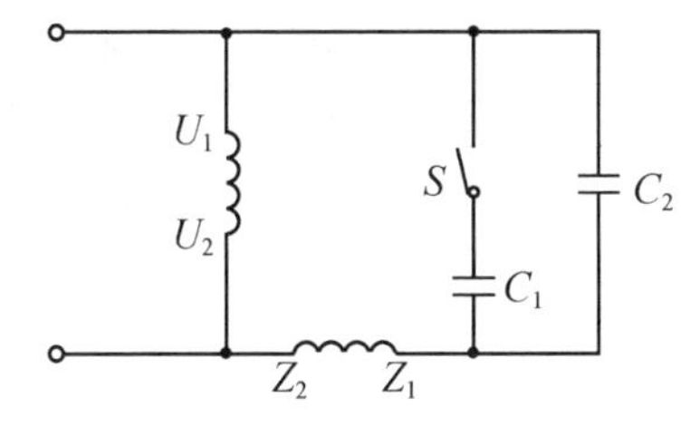

图 5－18 单相电容式异步电动机的电路结构示意图

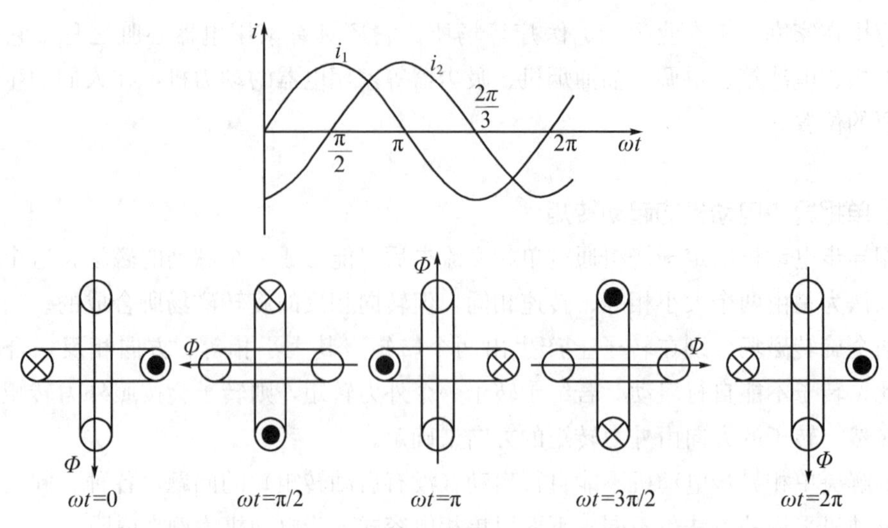

图 5－19　**单相电容式异步电动机的旋转磁场的形成**

单相电动机的转向和旋转磁场方向相同，转速也低于旋转磁场转速。若改变定子绕组的接线方法，可以改变旋转磁场的转动方向，从而使电动机的方向改变。

四、罩极式单相异步电动机的结构及特点

（1）单相罩极异步电动机转子一般为笼型转子，定子铁芯有两种结构，凸极式或隐极式，一般采用凸极结构，如图 5－20 所示。其外形是一种方形或圆形的磁场框架，磁极突出，凸极中间开一个小槽，用短路铜环罩住 1/3 磁极面积。短路环起辅助绕组作用，而凸极磁极上集中绕组则起主绕组作用。

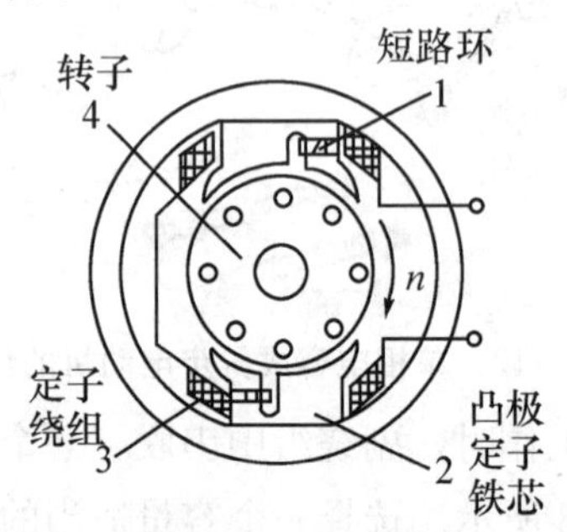

图 5－20　**罩极式单相异步电动机的结构图**

（2）适用对象：常用于起动转矩要求不高的设备中，如风扇、吹风机等。

（3）原理：罩极绕组相当于变压器的副边，当主绕组通入电流时，罩极便产生感应电压和短路电流，这个罩极短路电流阻止罩极部分定子的磁通变化，使穿过罩极绕组的磁通在相位上滞后于主绕组的磁通，从而在气隙中产生二相旋转磁场，见图 5－21。

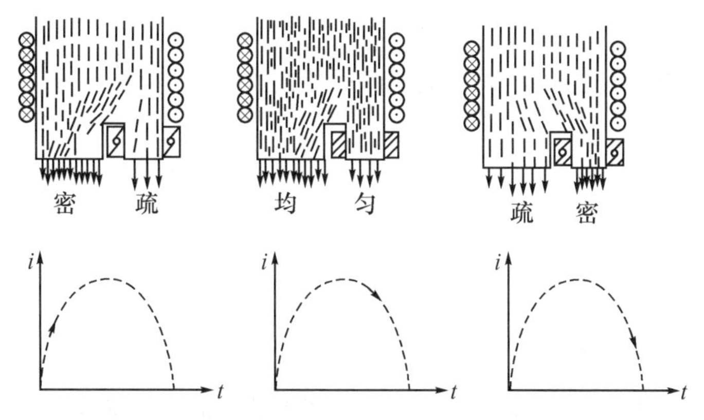

图 5—21　罩极式异步电动机的移动磁场

本章习题

一、填空题

1. 磁感应强度是定量描述磁场中（　　　）和（　　　）的物理量。
2. 根据物质与磁导率大小，通常把物质分为（　　　）、（　　　）和（　　　）三类。
3. 楞次定律指出：有感应电流产生的磁通总是企图阻碍（　　　）原磁场的变化。
4. 变压器可以改变（　　　）、（　　　）、（　　　）。
5. 变压器的基本结构（　　　）、（　　　）、（　　　）。
6. 铁芯是变压器的（　　　）部分，铁芯多用硅钢片叠成，片间涂有绝缘漆，目的是为了减小（　　　）及（　　　）。

二、判断题

1. 磁感应强度是矢量，但磁场强度是标量，这是两者之间的根本区别。（　　）
2. 通电导体周围的磁感应强度只取决于电流的大小及导体的形状，而与媒介质的性质无关。（　　）
3. 通电导线在磁场中某处受到的力为零，则该处的磁感应强度一定为零。（　　）
4. 变压器输出电压的大小取决于输入交流电压有效值的大小和一次二次绕组的匝数比。（　　）
5. 无论是交流电还是直流电，都可以用变压器来变换电压。（　　）
6. 不同的磁铁物质具有不同的磁化曲线。（　　）
7. 磁滞回线是闭合的且对称于原点的曲线。（　　）
8. 互感电动势的同名端与线圈的绕向有关。（　　）
9. 磁通量的大小反映了某个面积上磁场的强弱。（　　）
10. 磁场总是由电流产生的。（　　）
11. 线圈中无论通入什么电流，都会引起自感现象。（　　）
12. 变压器用来改变阻抗时，变压器是原、副边阻抗的平方比。（　　）

三、问答题：

1. 变压器主要由哪些部分构成？它们各是什么作用？

2. 简述变压器的工作原理，并说明在变压器中的能量是如何传递的？

3. 自耦变压器有什么特点？使用时应注意什么问题？

4. 自述电容启动电动机的结构、工作原理。

5. 什么是变压器的空载状态？

四、计算题

1. 若已知一闭合铁芯中磁感应强度 $B=0.8$ T，铁芯的横截面积是 20 cm^2，求通过铁芯截面中的磁通。

2. 已知硅钢片中，磁感应强度为 1.4 T，磁场强度为 5 A/cm，求硅钢片的相对磁导率。

3. 若两线圈的自感分别为 $L_1=0.4$ H 和 $L_2=0.9$ H，耦合系数 $K=0.60$，求两线圈顺串及反串时的等效电感量。

第六章 实训：单相变压器使用与维修

第一节 实训一 变压器认识及同名端测试

一、实训目的

（1）了解变压器的基本构造。

（2）学习判别绕组极性的方法。

二、实训器材

（1）交流电源（220 V 单相交流电）。

（2）单相变压器（500 VA，110 V/220 V，4.55 A/2.27 A）1 台。

（3）交直流电压表 3 只。

三、实验原理

利用变压器的电压变换作用，电流变换作用，阻抗变换作用及相同电动势来判别变压器的同名端。

四、实训内容与步骤

1. 认识变压器的构造和铭牌

识别原、副绕组接线端子。根据变压器铭牌写出该变压器的型号、容量，原、副线圈的额定电压、电流。

2. 单相变压器绕组极性的判别

变压器的绕组用于串联和并联，或构成多绕组与多相变压器时，其绕组间的相对极性即同名端应事先知道。判断同名端的方法有交流法和直流法两种（本实验采用交流法）。

按图 6－1 接线，u_1 为电源电压，u_2 为开路电压，u 为原、副绕组间电压。选好交流电压表量程，合上电源开关 K，分别测量图示电压的有效值 U、U_1 和 U_2，并记录于表 6－1中。若电压表的读数 $U=|U_1-U_2|$，可确定相接的两点为同名端，如图 6－1(a)所示；若读数 $U=U_1+U_2$，可确定相接的两点为异名端，如图 6－1(b)所示。绕组的极性判别后，应作出标记，如图中的“*”，即为同名端标志。

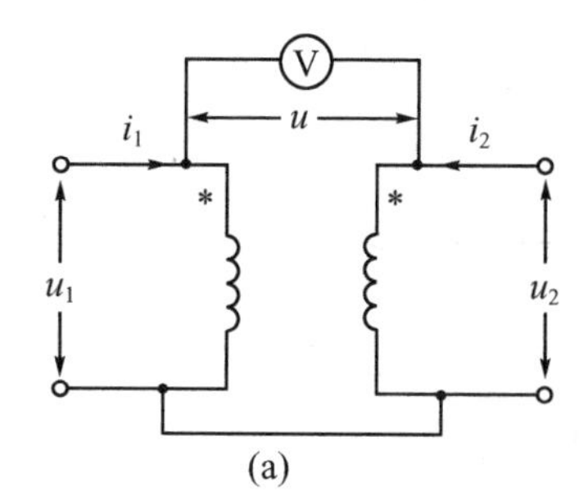

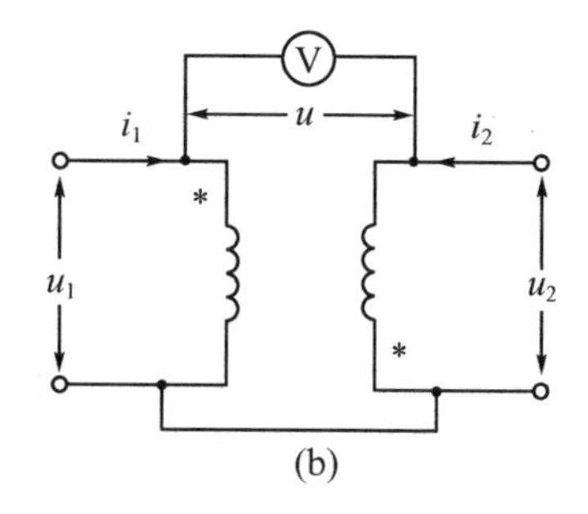

图 6－1　变压器绕组极性判别电路

表 6－1 变压器绕组极性判别的测量数据

项目 次数	U（V）	U_1（V）	U_2（V）	相接两点极性
1				
2				

五、思考题

为什么 $U=|U_1-U_2|$ 时为同名端？

第二节　实训二　小型变压器的变比检测

一、实验目的

进一步了解变压器电压变换关系。

二、实验设备

（1）交流电源（220 V 单相交流电）。

（2）单相变压器（500 VA，110 V/220 V，4.55 A/2.27 A）1 台。

（3）单相调压器（TDG，1/0.5，1 kVA，220 V/0 V～250 V）1 台。

（4）交直流电压表 2 只。

三、实验原理

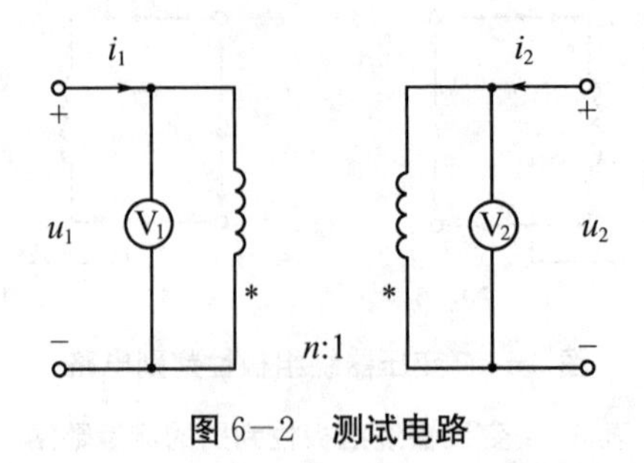

图 6−2 测试电路

四、实验内容及步骤

（1）按图 6−2 所示电路接线。

（2）将两个电压表读数填入表 6−2。

表 6−2 变压器空载特性测量数据

项目 / 次数	测量数据		计算数据
	U_1（V）	U_2（V）	$K=\frac{U_1}{U_2}$
1			
2			
3			
4			
5			
6			
7			
8			

五、思考题

根据测量数据计算变压器空载时的电压比，计算满载时的电流比，并简单分析变比理论值 $K=\frac{E_1}{E_2}=\frac{N_1}{N_2}=\frac{U_1}{U_2}=\frac{I_{2N}}{I_{1N}}$是否相符。

第三节　实训三　小型变压器常见故障的检修

一、实训目的

掌握对小型变压器常见故障的分析与解决办法。

二、实训器材

兆欧表、电桥、万用表、电工刀、绝缘导线、电烙铁等。

三、实验原理

变压器输入端和输出端的阻抗都很小，输入和输出之间是断路的起变压和保护作用。

四、实训内容与步骤

（1）分析小型变压器常见的故障现象、产生原因及检查排除的方法，可以参照表6－3。

表6－3　小型变压器常见的故障现象

故障现象	造成故障的可能原因	检查及消除方法
接通电源副边无电压输出	电源插头或馈线开路	插上电源，用万用表交流档测原边绕组两引出线端之间的电压，若电压正常说明插头与馈线均无开路故障。否则用万用表电阻档检查电源插头，看是否有脱焊或某一股电源线断开现象。
	原、副边绕组开路或引线脱焊	用万用表或电桥相应的电阻档测原、副绕组直流电阻，如果测得的直流电阻值与原、副边绕组的直流电阻相等或相近，说明原、副绕组完好；若电阻为无穷大，则是原、副绕组开路，必须将变压器拆开修理。 若开路点发生在引出线的根部，有时可以不拆开铁芯和线包，只需先把变压器烤热，使绝缘漆软化，用小针在断线处挑出线头，用多股绝缘软导线在断裂处焊好，再把多股软线焊在焊片上，并注意处理好焊点处的绝缘。 如果开路点发生在线包的最里层时，必须拆除铁芯，小心撬开靠近引线一面的骨架挡板，用针挑出线头，焊好引出线，用万用表检测无误后处理好绝缘，修补好骨架，再插入铁芯。

续表 6－3

故障现象	造成故障的可能原因	检查及消除方法
温升过高甚至冒烟	层间、匝间绝缘老化，或匝间短路，或原、副边短路	用兆欧表检测，若绝缘电阻远低于正常值甚至趋近于0，说明原副边间短路。
	负载过重或输出电路局部短路	减轻负载或排除输出电路上的短路故障
空载电流过大	原边绕组匝数不足	参照前面检修方法
	铁芯叠厚不足	
	原、副边绕组局部短路	
	铁芯质量太差	更换铁芯
运行中有响声	电源电压过高	用万用表交流电压档检测电源电压即可判断
	负载过重或短路	检修外电路
	铁芯未插紧	将铁芯轭部夹在台虎钳中，夹紧钳口，直接观察出铁芯的松紧程度。这时用同规格的硅钢片插入，直到完全插紧。

（2）由教师在变压器上预设故障，然后要求每组同学在规定时间完成检修，并将检修情况记录在表 6－4 中。

表 6－4　故障检查情况

序号	故障现象	预设故障点	排除故障程序	检修结论
1	接通电源副边无电压输出	原、副边绕组焊片脱焊		
2	温升过高甚至冒烟	原、副边绕组短路		
3	空载电流过大	减少铁芯叠厚		
4	运行中有响声	调松铁芯插片		

五、注意事项

输入电压或电流不能超出变压器的额定值。

六、思考题

（1）小型变压器接通电源副边无电压输出，有哪些可能的原因？

（2）小型变压器空载电流大，有哪些原因？

第四节　实训四　变压器绝缘电阻测试

一、实训目的

测量各绕组之间、各绕组到地（铁芯）之间的绝缘电阻值。

二、实训器材

（1）兆欧表 1 只。

（2）单相变压器（220 V/110 V）1 台。

三、实训内容与步骤

1. 用兆欧表测量变压器的绝缘电阻

将兆欧表端扭 E 和 L 之间开路，摇动手柄，观察兆欧表指针是否指向“∞”；再将兆欧表端扭 E 和 L 之间短路，摇动手柄，观察兆欧表指针是否指向“0”。

3. 测量变压器原绕组对副绕组的绝缘电阻及原、副绕组分别对铁芯的绝缘电阻值

将结果填入表 6－5 中，并与国家规定的标准值相比较，看是否符合要求（国家标准规定，额定电压在 500 V 以下时，绝缘电阻不小于 90 MΩ）。

表 6－5　变压器的绝缘电阻值

被测绝缘电阻	原绕组对副绕组	原绕组对铁芯	副绕组对铁芯
结果（MΩ）			

四、实训总结

绝缘电阻值不符合要求有哪些因素影响？

第四编
模块四：维修电工基础

第七章 理论：三相正弦交流电路

第一节 三相正弦交流电路

一、三相对称电动势的产生

我国电力系统采用的三相交流电，无论是发电，还是配电都采用三相制。由于三相制在发电、输电和用电方面都有许多优点的缘故，例如：在发电机尺寸相同的情况下，三相发电机比单相发电机输出功率高，在相同的电气指标下，三相制输电比单相制可节约有色金属，单相交流电路的瞬时功率是随时间变化的，对称三相交流电路的总瞬时功率是不随时间变化的，因此，三相电动机的转矩是恒定的，运转比单相电动机平稳。我们在日常生活中使用的单相交流电源，实际上是三相交流电源的一相。三相交流电与前面第三章介绍的单相交流电具有密切的联系。

三相交流电是由三相交流发电机产生的。图 7－1 是一台最简单的三相交流发电机的原理图。三相交流发电机是由一个可以自由转动的电枢（转子）和一对固定的磁极（定子）构成，只不过其电枢的绕组有 3 个，即 U_1-U_2、V_1-V_2、W_1-W_2，各绕组的匝数相等、结构相同，U_1、V_1、W_1 端在空间位置上相差 120°。当磁极以角速度 ω 旋转时，由于三个绕组的空间位置相差 120°。所以当绕组 U_1-U_2 上的感应电动势达到最大值时，绕组 V_1-V_2 需转过 120°后，其感应电动势才能达到最大值，而绕组 W_1-W_2 需转过 240°后，其感应电动势才能达到最大值。也就是说，U_1-U_2 上的感应电动势在相位上超前于 V_1-V_2 上的感应电动势 120°，U_1-U_2 上的感应电动势在相位上落后于 W_1-W_2 上的感应电动势 120°。显然，3 个绕组上的感应电动势频率相同，最大值相等。假设 U_1-U_2 上的感应电动势 e_1 的初相为零，最大值为 E_m，V_1-V_2 上的感应电动势为 e_2，W_1-W_2 上的感应电动势为 e_3，那么

$$e_1=E_m\sin\omega t \tag{7-1}$$

$$e_2=E_m\sin(\omega t+120°) \tag{7-2}$$

$$e_3 = E_m \sin(\omega t - 120°) = E_m \sin(\omega t + 240°) \qquad (7-3)$$

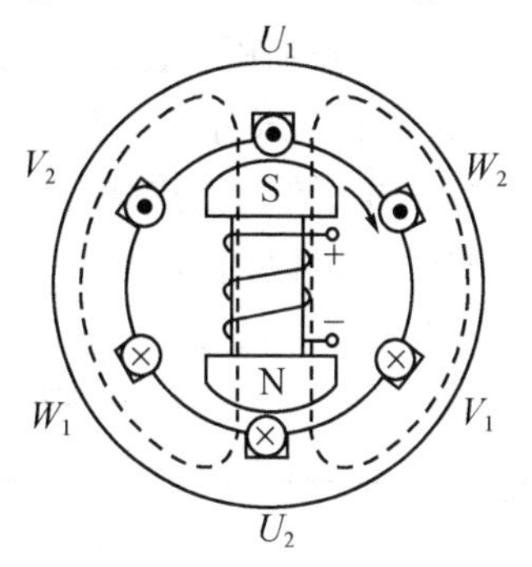

图 7－1　三相交流发电机的原理图

我们把感应电动势 e_1、e_3、e_2、称为三相对称电动势，他们的特点是频率相同，幅值相等，相位彼此相差 120°。三相电动势的相量图和波形图 7－2 所示。利用平行四边形法则，可知

$$e_1 + e_2 + e_3 = 0 \qquad (7-4)$$

即三相对称电动势在任一瞬间的代数和为零。

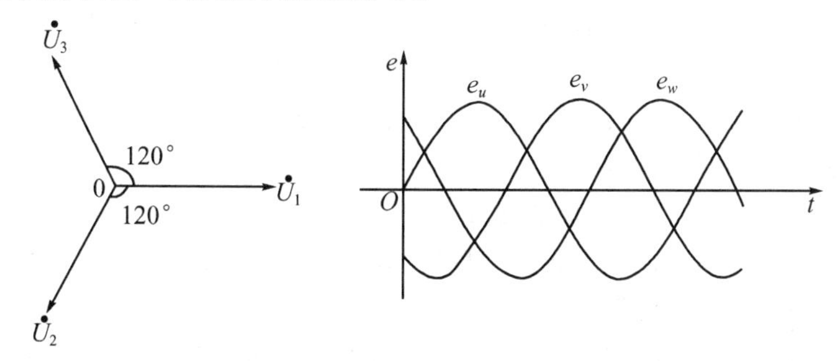

图 7－2　三相对称电动势的向量图和波形图

三相电源中，各电压达到同一量值（例如：正的最大值或零）的先后顺序称为相序，通常把 $U-V-W$ 称为顺序（也叫正序），$W-V-U$ 称为逆序（也叫负序），若无特殊说明，三相电压均认为指正序，三相电源相序改变时，将使由其供电的三相电动机改变旋转方向，此种方法常用于控制电动机的正、反转。

二、三相对称电源的连接

三相交流发电机的每一相绕组都能产生感应电动势，都可以单独地给负载供电。但在实际使用中，特别是在电力系统中，三相交流电电源绕组不是独立工作的，必须通过一定的方法连接后才向负载供电。三相电源有两种连接方式，一种是星形（Y 形）连接，一种是三角形（△形）连接。

1. 三相电源的星形连接及三相四线制供电系统

如图 7－3 所示，将三相交流发电机的 3 个绕组的末端 U_2、V_2、W_2 连在一起，从 3 个绕组的首端 U_1、V_1、W_1 分别引出 3 根导线，这种连接方式称为三相电源的星形连接。3 个末端的连接点 N 称为电源的中性点，从中性点引出的线叫做中性线或零线。从 3 个首

端U_1、V_1、W_1引出的3根导线叫做相线或者火线，分别用L_1、L_2、L_3表示。中性线常用黑色或白色表示，3根相线U、V、W分别用黄色、绿色、红色表示。

由3根相线和一根中性线组成的输电方式称为三相四线制，又表示为Y_N连接（通常在低压配电系统中使用）；只由3根相线所组成的输电方式称为三相三线制，又表示为Y连接（在高压输电中使用）。三相四线制可以向负载提供两种电压：一种是相电压，即相线与中性线之间的电压；例如图7－3中的u_1、u_2、u_3；另一种是线电压，即两个相线之间的电压，例如图7－3中的u_{12}、u_{23}、u_{31}。三相三线制只能向负载提供线电压。

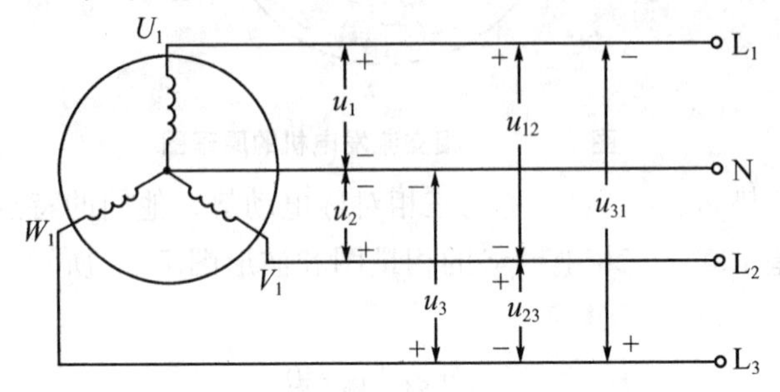

图7－3　三相交流电源的星形连接

每相首端与末端间电压，或者说端线与中线间的电压，称为相电压，用U_U、U_V、U_W表示（或用L_1、L_2、L_3表示）。参考方向规定从相头指向相尾，其有效值用$U_{相}$表示。如果发电机绕组的电压降略去不计，则可以把相电压看做与该相的电势相等，一般电势是对称的，所以，相电压也是对称的。

各绕组首端间的电压，也就是端线间的电压，叫线电压，用U_{UV}、U_{VW}、U_{WU}表示，参考方向规定为线电压脚标的前字母指向后字母，其有效值用$U_{线}$表示。

2. 三相电源的三角形连接

如图7－4所示，将三相交流发电机的3个绕组的首末端依次相连，即一个绕组的末端与另一个绕组的首端相连，U_2与V_1，V_2与W_1、W_2与U_1分别相连，然后从三个连接点引出三根导线，这种连接方式称为三相电源的三角形连接。三相绕组按三角形连接时，其本身构成了闭合回路。如果三相电动势是对称的，由于他们在任一瞬间的代数和为0，所以回路中不会产生环形电流；如果三相电动势是不对称的，或者虽然电压对称，但有一相被接反，则三相电源电压之和不再为零，由于每相绕组的电阻都很小，那么回路中会产生很大的电流，从而烧坏绕组。因此，三相交流发电机通常都接成星形，很少接成三角形。从图7－4可以看出，三相电源三角形连接时，线电压等于相电压。

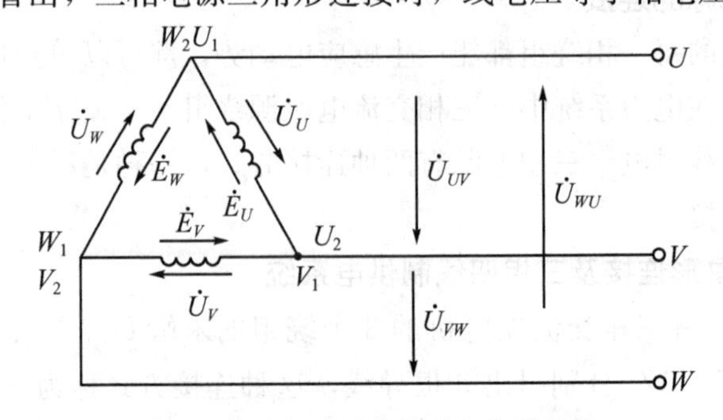

图7－4　三相交流电源的三角形连接

3. 相电压与线电压的关系

如果忽略三相交流发电机每相绕组由内阻引起的电压降，那么，$e_1=-u_1$，$e_2=-u_2$，$e_3=-u_3$。由于 e_1、e_2、e_3 是对称的，所以 u_1、u_2、u_3 也是对称的。假设 $u_1=U_m\sin\omega t$，则 $u_2=U_m\sin(\omega t-120°)$。

三相电源星形连接时，根据基尔霍夫电压定律可知，线电压 u_{12}、u_{23}、u_{31} 分别为 $u_{12}=u_1-u_2$，$u_{23}=u_2-u_3$，$u_{31}=u_3-u_1$。利用相量图分析可得

$$u_{12}=\sqrt{3}U_m\sin(\omega t+30°) \tag{7-5}$$

$$u_{23}=\sqrt{3}U_m\sin(\omega t+150°) \tag{7-6}$$

$$u_{31}=\sqrt{3}U_m\sin(\omega t-90°) \tag{7-7}$$

这说明，三相电源星形连接时，线电压的有效值为相电压的$\sqrt{3}$倍，相位超前相电压相位30°，如图 7－5 所示。另外，三个线电压 u_{12}、u_{23}、u_{31} 的频率相同，幅值相等，彼此相位相差 120°，它们也是对称的。我国低压配电系统中，三相四线制的相电压为 220 V，线电压为 380 V。

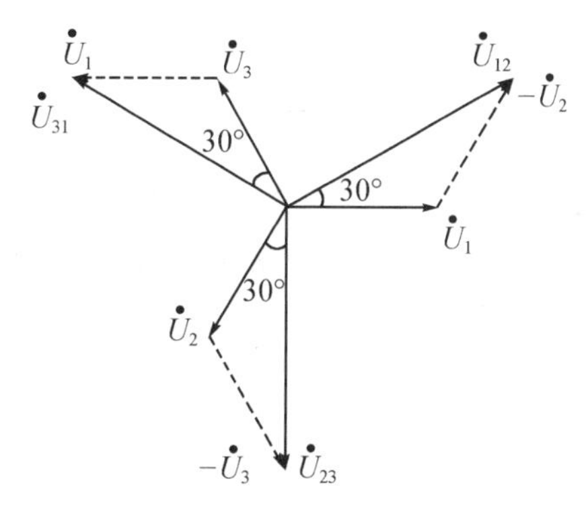

图 7－5 电源星形连接时，线电压与相电压的相位关系

第二节 三相负载的连接

按照负载对电源的要求形式，可将其分为单相负载和三相负载。单相负载只需要单相电源提供能量，三相负载需要三相电源提供能量。照明灯、电炉、电烙铁等属于单相负载，三相电动机、大功率电炉等属于三相负载。如果三相负载中的每一相阻抗都相同，则称其为对称三相负载，如三相电动机、三相电炉等。否则，称为不对称三相负载，如三相照明电路。三相负载在电路中的连接方式也有两种：星形连接和三角形连接。

一、三相负载的星形连接

把三相负载的一端均连接在三相电源的中性点上，另一端与三相电源的三根相线相连，这种连接方式称为负载的星形连接，如图 7－6 和图 7－7 所示。我们把流过每相负载的电流称为相电流，流过每根相线的电流称为线电流，流过中性线的电流称为中性线电流。显然，三相负载连成星形时，每相负载上的电压等于三相电源中对应相的相电压，相

电流等于线电流。

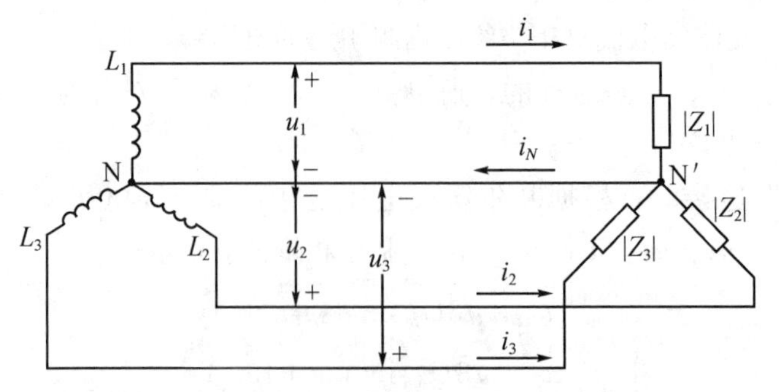

图 7－6　三相负载的星形连接(三相四线制)

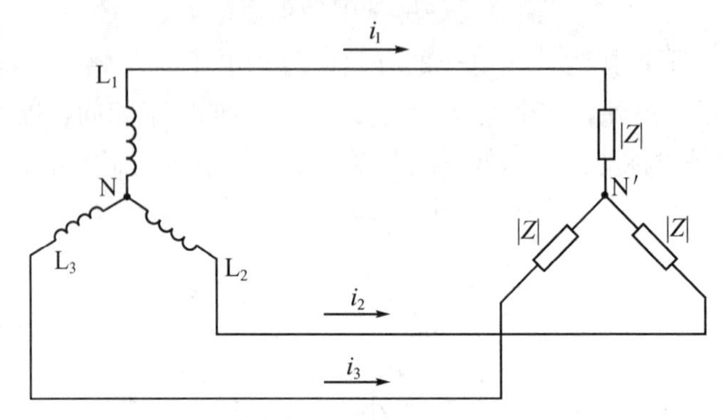

图 7－7　三相负载的星形连接(三相三线制)

$$U_{线}=\sqrt{3}U_{Y相} \tag{7-8}$$

$$I_{线}=I_{Y相} \tag{7-9}$$

根据基尔霍夫电流定律，中性线上的电流为 $i_N=i_1+i_2+i_3$。如果三相负载是对称的，$Z_1=Z_2=Z_3$，那么流过每一相的电流也是对称的，即 i_1、i_2、i_3 频率相同，幅值相等，相位彼此相差 120°。此时流过中性线上的电流为零，中性线可以省去，这样三相四线制供电变成了三相三线制供电，如图 7－7 所示。如果三相负载是不对称的，那么中性线上的电流不为零，此时中性线绝对不可以断开，因为它的存在，能使作星形连接的各相负载，即使在不对称的情况下也均有对称的电源相电压，从而保证了各相负载能正常工作；如果中性线断开，各相负载的电压就不再等于电源的相电压，这时阻抗小的负载的相电压可能低于其额定电压，使负载不能正常工作，甚至造成严重事故。电力工程中规定：作星形连接时必须采用三相四线制，三相四线制供电的中性线上不准安装熔丝和开关，通常将中性线与大地相接。

二、三相负载的三角形连接

把三相负载中的每一相分别接在三相电源的两个相线之间，这种方式称为三相负载的三角形连接，如图 7－8 所示。三相负载连接成三角形时，每一相负载上电压等于三相电源中对应的线电压，而相电流不再等于线电流。根据基尔霍夫定律可知：$i_1=i_{12}-i_{31}$，$i_2=i_{23}-i_{12}$，$i_3=i_{31}-i_{23}$。如果三相负载是对称的，那么相电压 i_{12}、i_{23}、i_{31} 也是对称的。

利用相量图同样可以分析线电流与相电流的关系，具体分析过程留给同学们自己思考，这里只给出结论：三相对称负载接成三角形时，线电流的有效值等于相电流的有效值的$\sqrt{3}$倍，相位落后于相应电流 30°。

在实际应用中，三相负载的连接方式要根据三相负载的额定电压来定。如果三相负载的额定电压为 220 V，则应将其连成星形；如果三相负载的额定电压是 380 V，则应将其连成三角形。

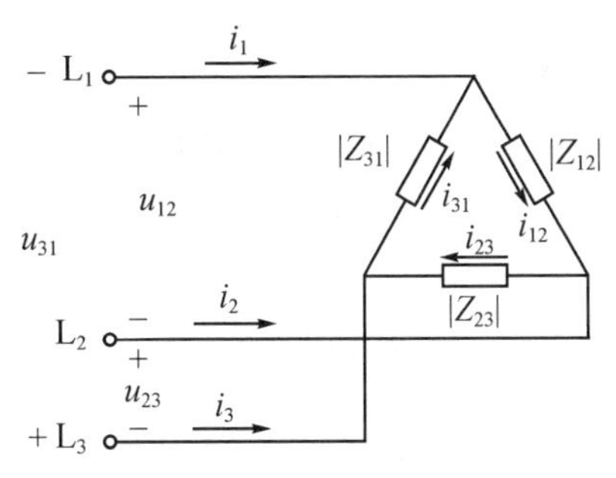

图 7－8　三相负载的三角形连接

第三节　三相交流电路的功率

三相交流电路的功率是三相负载消耗的总功率。不论负载是星形连接，还是三角形连接，每一相负载消耗功率的计算方法与单相电路的计算方法相同。假设三相负载消耗的有功功率分别为 P_1、P_2、P_3，无功功率分别为 Q_1、Q_2、Q_3，视在功率分别为 S_1、S_2、S_3，则总的有功功率 P、总的无功功率 Q、总的视在功率 S 分别为

$$P=P_1+P_2+P_3 \tag{7-10}$$

$$Q=Q_1+Q_2+Q_3 \tag{7-11}$$

$$S=S_1+S_2+S_3 \tag{7-12}$$

当三相负载对称时，各相功率相等，总功率为每相功率的 3 倍，即

$$P=3P_P=3U_PI_P\cos\varphi_P \tag{7-13}$$

$$Q=3Q_P=3U_PI_P\sin\varphi_P \tag{7-14}$$

$$S=3U_PI_P \tag{7-15}$$

式中：U_P 为每相负载上的电压的有效值，I_P 为通过每相负载的电流的有效值，$\cos\varphi_P$ 为每相负载的功率因数。

由于在实际工作中，线电流和线电压的测量比相电流和相电压的测量要方便，所以常用线电流和线电压来计算三相功率。如果负载接成星形，由于其线电流 I_L 等于相电流 I_P，线电压 U_L 等于相电压 U_P 的$\sqrt{3}$倍，所以

$$P=3U_PI_P\cos\varphi=\sqrt{3}U_LI_L\cos\varphi_P \tag{7-16}$$

$$Q=3U_PI_P\sin\varphi_P=\sqrt{3}U_LI_L\sin\varphi_P \tag{7-17}$$

$$S=3U_PI_P=\sqrt{3}U_LI_L \tag{7-18}$$

如果负载接成三角形，由于其线电压等于相电压，线电流等于相电流的$\sqrt{3}$倍，同样可以得到式（7－16）式、式（7－17）、式（7－18）的结论。由此可见，三相对称负载无论怎么连接，其总有功功率、总无功功率和总的视在功率都可以表示为

$$P=\sqrt{3}U_L I_L \cos\varphi_P \tag{7-19}$$

$$Q=\sqrt{3}U_L I_L \sin\varphi_P \tag{7-20}$$

$$S=\sqrt{3}U_L I_L \tag{7-21}$$

式中：$\cos\varphi_P$ 仍为每相的功率因数。

例 7－1　有一台三相电阻炉，其每相的电阻都为 5 Ω，计算：（1）如果电源线电压为 380 V，负载接成星形和三角形时的有功功率；（2）如果电源线电压为 220 V，负载接成三角形时的有功功率。

解　（1）如果线电压为 380 V，三相负载接成星形，那么相电流等于线电流

$$I_P=I_L=\frac{U_L/\sqrt{3}}{R}=\frac{380/\sqrt{3}}{5}\ \text{A}=44\ \text{A}$$

由于负载是纯电阻，所以功率因数为 1，于是，三相负载的有功功率为

$$P=\sqrt{3}U_L I_L \cos\varphi_P=\sqrt{3}\times380\times44\ \text{W}\approx28.96\ \text{kW}$$

三相负载接成三角形时，其线电压等于相电压，相电流为

$$I_P=\frac{U_L}{R}=\frac{380}{5}\ \text{A}=76\ \text{A}$$

线电流为

$$I_L=\sqrt{3}I_P=\sqrt{3}\times76\ \text{A}\approx131.63\ \text{A}$$

三相负载的有功功率为

$$P=\sqrt{3}U_L I_L \cos\varphi_P=\sqrt{3}\times380\times131.63\ \text{W}\approx86.64\ \text{kW}$$

（2）如果线电压为 220 V，三相负载接成三角形时，那么相电压等于线电压，相电流为

$$I_P=\frac{U_L}{R}=\frac{220}{5}\ \text{A}=44\ \text{A}$$

线电流为

$$I_L=\sqrt{3}\times44\ \text{A}\approx76.2\ \text{A}$$

三相负载的有功功率为

$$P=\sqrt{3}U_L I_L \cos\varphi_P=\sqrt{3}\times220\times76.2\ \text{W}\approx29.04\ \text{W}$$

从例 7－1 可以看出：在线电压相同的条件下，负载接成三角形时的功率是接成星形时的功率的 3 倍，这是因为负载接成三角形时的线电流是接成星形时的线电流的 3 倍。另外，只要每相负载上的相电压相等，无论负载接成什么形式，负载的功率都相等。

第四节　安全用电

一、电磁场及触电对人体的影响

1. 电磁场对人体的伤害

因为电磁场能量转化成热能会引起人体内的生物学作用。其作用主要是在机体内感应内涡流，产生热量。由于热量，人体一些器官的功能会受到不同程度的伤害。随电磁场频率不同，人体受伤害的程度也不相同。

一定强度的短波电磁场对人身造成的伤害主要是引起中枢神经功能失调。主要表现为神经衰弱症候群，如头痛、头晕、全身无力、记忆减退、睡眠失调、易激动等症状。

微波和超短波电磁场除引起较严重的神经衰弱外，明显的是引起植物神经功能紊乱，并以副交感神经兴奋为主的心血管系统症状较多，如心跳过缓或过速、血压反映异常、心悸、心区有压迫感、心区疼痛等。这时，心电图、脑电图、脑血流图也有某些异常反应。其中微波电磁场可能损伤眼睛，导致白内障。

2. 触电对人体的伤害

电流危害的程度与通过人体的电流强度、频率、通过人体的途径及持续时间等因素有关。

1）电流强度对人体的危害

按照电流通过人体时的不同反应，可分为三种情况

（1）感觉电流：使人体有感觉的最小电流称为感觉电流。工频交流电的平均感觉电流，成年男性约为 1.1 mA，成年女性约为 0.7 mA；直流电的平均感觉电流约为 5 mA。

（2）摆脱电流：人体触电后能自主摆脱电源的最大电流称为摆脱电流。工频交流电的平均摆脱电流，成年男性约为 16 mA 以下，成年女性约为 10 mA 以下；直流电的平均摆脱电流约为 50 mA。

（3）致命电流：在较短的时间内，危及生命的最小电流称为致命电流。一般情况下，通过人体的工频电流超过 50 mA 时，心脏就会停止跳动，发生昏迷，并出现致命的电灼伤。工频 100 mA 的电流通过人体时很快使人致命。

2）频率对人体的影响

在相同的电流强度下，不同的频率对人体的影响程度不同，一般为 28 Hz～300 Hz 的电流频率对人体影响较大，最为严重的是 40 Hz～60 Hz 的电流。当频率大于 20000 Hz 时，所产生的伤害作用明显减小。

3）电流通过途径的危害

电流通过人体的头部会使人昏迷而死亡；电流通过脊髓，会导致截瘫及严重损伤；电流通过中枢神经或有关部位，会引起中枢神经系统强烈失调而导致死亡；电流通过心脏会引起心室颤动，致使心脏停止跳动，造成死亡。实践证明，从左手到脚是最危险的电流途径，因为心脏直接处在电路中；从右手到脚的途径危险性较小，但一般也能引起剧烈痉挛

而摔倒，导致电流通过人体的全身。

4）电流的持续时间对人体的危害

由于人体发热出汗和电流对人体组织的电解作用，电流通过人体的时间越长，使人体电阻逐渐降低，在电源电压一定的情况下，会使电流增大，对人体组织的破坏更大，后果更严重。

二、触电事故的有关概念

1. 电击和电伤

电击是指人体内部器官受到电伤害。人体受到电击时，电流通过人体内部，如果电流超过一定数值，就使人与导体接触部分的肌肉痉挛、发麻，持续下去人体电阻迅速降低，电流随之增加，最后便全身肌肉痉挛，呼吸困难，心脏麻痹，以致死亡。所以电击危害性最大。

电伤是指人体的外部受到电的损伤，属于电伤的有灼伤、电烙印及皮肤金属化。灼伤是电流的热效应造成的，是在电流直接经过人体或不经过人体时发生的。电烙印是由电流的化学效应和机械效应所引起的，通常是在人体与导电部分的接触下产生的。皮肤金属化是在电流的作用下，使熔化和蒸发的金属微粒渗入皮肤表面层，使皮肤的伤害部分呈粗糙的坚硬表面，日久会逐渐脱落。

2. 触电对人体的伤害程度的影响因素

（1）与电流的大小有关：电流越大，伤害越重。通过人体的交流电（频率为 50 Hz）超过 30 mA，直流电超过 50 mA 时，触电者就不容易脱离电源。

（2）与电压的高低有关：电压越高，伤害越严重。当电压低至 36 V 时，就不会引起严重后果。

（3）与触电时间长短有关：触电时间越长，后果越严重。所以，一旦发现有人触电，应力争尽快使触电者脱离电源。

（4）与人体的电阻有关：人体电阻主要决定于皮肤角质层。皮肤干燥时，人体电阻一般在 1000 Ω～10000 Ω 之间，如果人的皮肤有汗水或受到电击时，人体电阻会显著降低，所以在潮湿的地方工作，触电危险性大。

（5）与电流通过人体的途径有关：电流通过呼吸器官、神经中枢时，危险性较大，电流通过心脏最危险。

（6）与人的精神状态有关：人的健康状态和精神状态对触电后果也有影响。患有心脏病，内分泌失调病、肺病和精神病的人，触电后果比较严重。醉酒、疲劳过度、出汗过多等，也能加重触电伤害程度。

三、常见的触电方式

1. 单相触电

当人体接触电气设备中任意一根带电导线，电流就通过人体流入地下，称为单相触电。

大多数低压供电系统采用 220 V/380 V 中性点直接接地的电网供电。如图 7－9(a)所示，如果人站在地面上，接触电网中的任意一根带电导线，便形成单相触电。这时人处于电网的相电压 220 V 之下，电流通过人体、大地和中性点的接地极形成回路。因此触电的后果较严重。

在中性点不接地电网中，如图 7－9(b)所示，单相触电时，电流经过人体、大地和其他两相对地的绝缘电阻而形成回路，这时人体处于电网线电压之下，这种触电通过人体的电流大小，不仅决定于人体电阻，也决定于线路对地的绝缘电阻大小；如果线路对地绝缘良好，绝缘电阻很大，这时通过人体的电流就较小，对人体的伤害危险性就不大；但如果线路较长或绝缘不良，或电压较高，线路对地电容相当大，这时通过人体的电流就较大，对人体的伤害危险性也比较严重，因此不能认为中性点不接地电网就完全可靠。

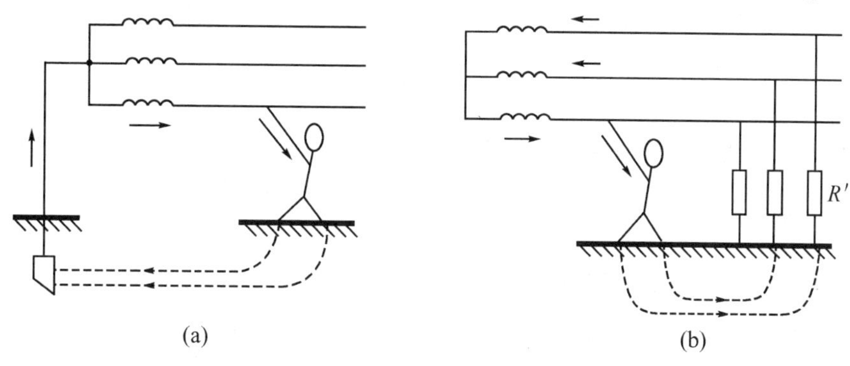

图 7－9　单相触电

2. 两相触电

当人体同时接触带电的任意两根相线，如图 7－10 所示，电流就会从一根相线通过人体，再流到另一根相线，而形成回路，这称为两相触电。两相触电时不管电网中性点是否接地，人体都处于线电压之下，通过人体的电流，基本上决定于人体的电阻，因此两相触电的后果是很严重的。

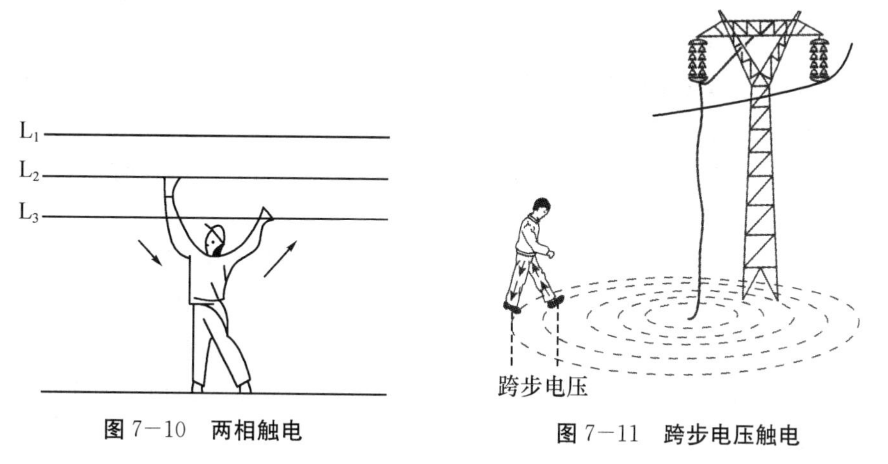

图 7－10　两相触电

图 7－11　跨步电压触电

3. 跨步电压触电

当电气设备任意一相绝缘损坏，或三相输配电线中任意一根导线断落接地，这时就有电流入地，并向四周流散。如图7－11所示，如以电流入地点为圆心，在20米范围内画出半径不同的许多同心圆，在同一圆周上的电位是相同的，在不同圆周上的电位各不相同，离电流入地点越远的圆周上电位越低，反之离得越近，电位越高。如果人的双脚分开站在不同的圆周上，就会受到地面上不同圆周间电位差的影响，这个电位差就称为跨步电压。

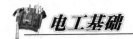

当人受到跨步电压触电时，电流从一脚经胯部再到另一脚流入大地，形成回路。如果跨步电压较高时，人的两脚就会发生抽筋从而使人摔倒在地上。这样通过人体的电流就会进一步增大，并有可能使电流通过人体的心脏等器官，从而引起严重后果。

四、触电急救

在触电急救中我们应遵循八字方针：迅速、准确、就地、坚持。

1. 使触电者迅速脱离电源

触电者脱离电源越快越好，但要注意正确地操作。

(1) 脱离电源就是要将触电者接触的那一部分带电设备的开关断开或设法使触电者与带电设备脱离。触电者未脱离电源前，救护人员不得直接用手触及触电者。在脱离电源时救护人员既要救人，又要注意保护自己，防止触电。

(2) 如果触电者触及低压带电设备，救护人员应设法迅速切断电源，例如拉开电源开关或拔下电源插头，或者使用绝缘工具、干燥木棒等不导电物体解脱触电者。也可抓住触电者干燥而不贴身的衣服将其拖开。也可戴绝缘手套或将手用干燥衣物等包起绝缘后解脱触电者。救护人员也可站在绝缘垫上或木板上进行救护。为使触电者与带电体解脱，最好用一只手进行救护。

(3) 如果触电者触及高压带电设备，救护人员应迅速切断电源或用适合该电压等级的绝缘工具（戴绝缘手套、穿绝缘靴并用绝缘棒）解脱触电者。救护人员在抢救过程中，应注意保持自身与周围带电部分必要的安全距离。

(4) 如果触电者处于高处，切断电源后触电者可能从高处坠落，因此要采取相应的安全措施，以防触电者摔伤或致死。

(5) 在切断电源救护触电者时，应考虑到救护必需的应急照明，以便继续进行急救。

2. 对触电者进行就地抢救

(1) 如果触电者神志尚清醒，则应使之就地平躺，严密观察，暂时不要让其站立或走动。

(2) 如果触电者已神志不清，则应使之就地迎面平躺，并确保呼吸道畅通，并用5 s时间，呼叫伤员或轻拍其肩部，以判定其是否意识丧失。禁止摇动伤员头部呼叫伤员。

(3) 如果触电者失去知觉，停止呼吸，但心脏微有跳动（可用两指去试伤员喉结旁凹陷处的颈动脉有无搏动）时，应在通畅呼吸道后，立即实行口对口或口对鼻的人工呼吸，如图7－12所示。

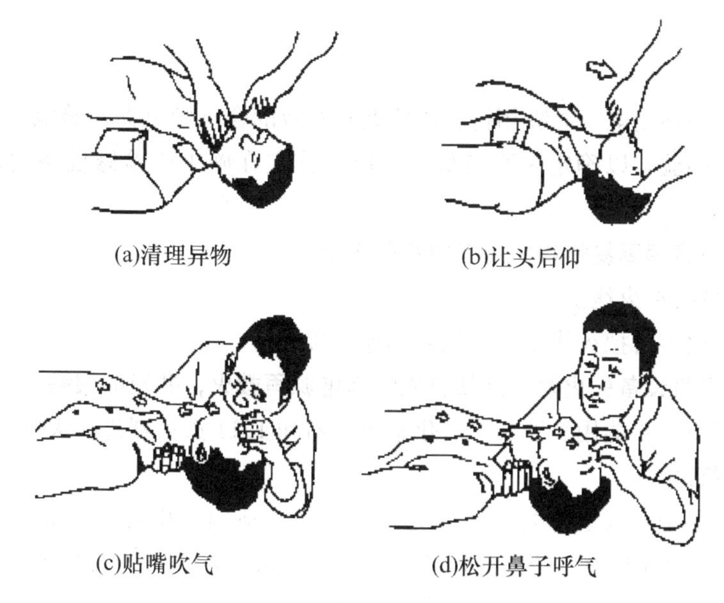

(a)清理异物　(b)让头后仰

(c)贴嘴吹气　(d)松开鼻子呼气

图 7－12　人工呼吸法

（4）如果触电者伤害相当严重，心跳和呼吸均已停止，完全失去知觉时，则在通畅呼吸道后，立即同时进行口对口（鼻）的人工呼吸和胸外按压心脏的人工循环。如图7－13所示。如果现场只有一人抢救时，可交替进行人工呼吸和人工循环，先胸外按压心脏4～8次，然后口对口（鼻）吹气 2～3 次……如此循环反复进行。

图 7－13　胸外挤压法

3. 急救过程必须坚持进行

在医务人员未来接替救治前，不要放弃现场抢救，更不能只根据没有呼吸和脉搏就擅自判定伤员死亡，放弃抢救。只有医生有权作出伤员死亡的诊断。

五、防止触电的常见措施

（一）一般注意事项

1. 安装漏电保护装置

安装漏电保护装置是在指定的条件下，当被保护电路中的漏电电流达到预定值时，能自动断开电路或发出报警信号的装置。

2. 停电

停电操作时，必须先停负荷，后拉开关，最后拉隔离开关，严防带负荷拉隔离开关；线路停电作业时，应防止漏电、错停和反馈电源，并应注意施工线路邻近或交叉的带电运行线路。

3. 验电

验电时，必须使用电压等级相符、试验期限有效的合格验电器。验电前应先将验电器在带电的设备上检验，以确定是否良好。验电工作应在施工或检修设备的进出线的各相进行。

4. 电热设备应远离易燃物，用完即断开电源

5. 电灯开关接在火线上

用螺旋灯头时不可把火线接在螺旋套相连的接线柱上。

6. 电线或电气设备失火时，必须首先切断电源再救火，并及时报警

在带电状态下，只能用黄沙、二氧化碳灭火器和 1211 灭火器进行灭火。

（二）保护接地

保护接地就是把电气设备的金属外壳直接接地。适用于中性点不接地的系统中。如图 7－14所示，这时如果设备的绝缘损坏，而使外壳带电，则可通过接地装置将单相短路电流引入大地，从而减小人体接触带电外壳的危险性。

在中线点不接地的低压电网中，如果对电气设备采用保护接地，可以大大降低人体在接触电气设备带电外壳时的接触电压，即使在线路总长度超过预定标准、或线路绝缘电阻较低、电容电流和漏电电流较大的情况下，也可以保证接触带电外壳人的生命安全。

保护接地在中性点不接地的低压电网中，其降低接触电压的效果是非常显著的，但是在中性点接的低压电网中，这种效果并不显著。

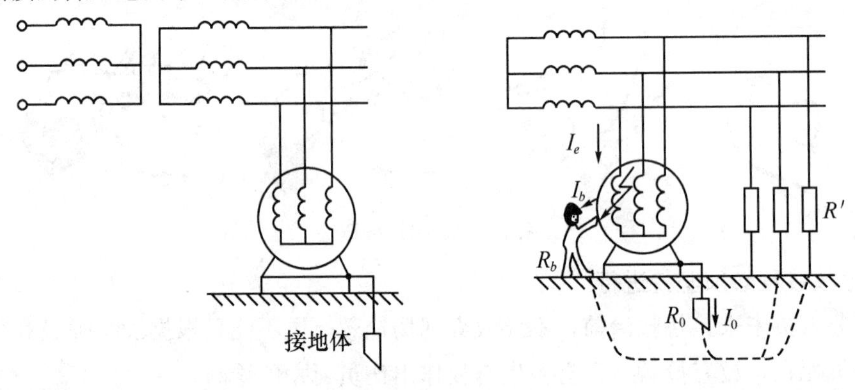

图 7－14 保护接地

（三）保护接零

保护接零就是把电气设备的金属外壳直接接零线。适用于中性点接地的低压系统中。如图 7－15 所示，对中性点直接接地的三相四线制低压电网，凡因设备绝缘损坏而可能使金属外壳带电部分均宜接零。由于零线的电阻很小，所以短路电流很大，将使电路的保护装置（包括熔断器和自动开关）迅速切断电源，以达到保护触电者人身安全的目的。

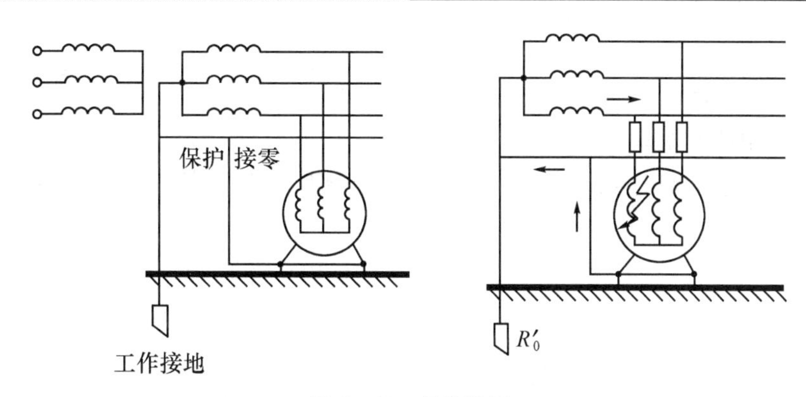

图 7－15　保护接零

注意： 装设保护线时，保护线与设备之间严禁连接有开关或熔断器；装设接地线时，必须先接接地线，后接导电端；拆卸地线的顺序与此相反。接地线必须用专用的线夹固定在导线上，禁止用缠绕法进行接地或短路；带有电容的设备（如电缆线路等）装设接地线之前，应先放电。

本章习题

一、判断题：

1. 三相对称电源的相电压是对称的，线电压是不对称的。（　　）
2. 电源不变时，对称三相负载接成三角形时的线电流是接成星形的$\sqrt{3}$倍。（　　）
3. 三相交流电源的相电压总是大于线电压。（　　）
4. 三相四线制供电时，中性线上的电流为零。（　　）
5. 三相负载作星形连接时，无论负载对称与否，线电流必定等于相电流。（　　）
6. 如果三相负载的阻抗值相等，那么它们是三相对称负载。（　　）
7. 在线电压相同的条件下，三相对称负载按星形连接和按三角形连接的总功率相等。（　　）
8. 在三相对称电路中，公式 $P=\sqrt{3}IU\cos\varphi$ 中的 $\cos\varphi$ 是指每相负载的功率因数。（　　）
9. 触电对人体的伤害程度取决于通过人体电流的大小。（　　）
10. 36 V 以下的电压称为安全电压。（　　）

二、填空题：

1. 对称三相交流电源的特征是：各相电动势的最大值________，频率________，彼此间的相位上相差________。
2. 三相交流电动势达到________叫相序，习惯上用黄、绿、红三种颜色分别表示________、________、和________三相。
3. 由三根________和一根________所组成的供电电路称为三相四线供电电路，它可以得到两种电压，其中相电压是指________与________之间的电压，线电压是指________与________之间的电压。
4. 三相对称负载作星形连接时，各相负载上的电压等于对称电源的，线电流与相电流________；三相对称负载作三角形连接时，各相负载上的电压等于对称电源的________，线电流________，相位上线电流滞后相应的相电流。
5. 在题图 7－1 所示电路中，负载是三相对称的，若电压表 PV_2 的读数是 660 V，则电压表 PV_1 的读数是________。

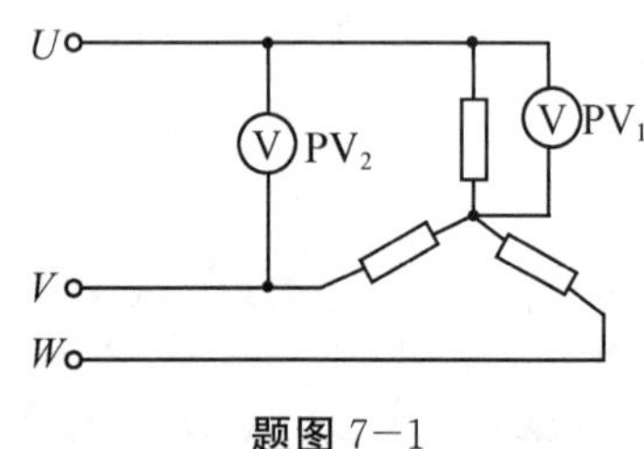

题图 7－1

题图 7－2

6. 在题图 7－2 所示电路中，负载是三相对称的，若电流表 PA_1 的读数是 15 A，则电压表 PA_2 的读数是________。
7. 在对称三相电路中，无论负载接成星形或三角形，计算三相负载用功功率的公式都可写成 $P=$________，无功功率 $Q=$________，视在功率 $S=$________。
8. 触电是指电流以________为通路，使身体一部分或全身受到电的刺激或伤害，可分为________和________两种。________是指电流使人体内部器官受到的伤害，________是指人体外部受到的伤害。
9. 触电方式可分为________触电、________触电和________触电。________触电是指人体站在地面时，人体某一部位触及一相带电体的触电事故；________触电是指人体同时触及两根相线。

三、问答题：

1. 什么是三相对称电动势？

2. 什么是相电压、线电压、相电流、线电流？

3. 三相四线制供电系统中的中性线是否可以去掉？

4. 三相电源按星形连接时，线电压和相电压的特点是什么？按三角形连接，线电压和相电压的特点是什么？

5. 三相负载按星形连接时，线电流和相电流的特点是什么？按三角形连接时，线电流和相电流的特点是什么？

6. 常见的触电原因有哪些？什么是保护接地和保护接零？

四、计算题：

1. 三相对称负载按三角形连接，每相负载的阻抗为 20 Ω，负载接在三相制电源上，已知电源线电压为 380 V，计算负载的相电压、相电流、线电流。

2. 星形连接对称三相负载，每相电阻为 11 Ω，电流为 20 A，则三相负载的线电压是多少？

3. 三个完全相同的线圈接成星形，让其接在线电压为 380 V 的三相电源上，线圈的电阻为 3 Ω，感抗为 4 Ω。

计算：（1）线圈中的电流。

（2）每相负载的功率因数。

（3）三相电路的有功功率。

4. 三相四线制电源的线电压为 380 V，有 3 个阻值分别为 11 Ω、10 Ω、22 Ω 的电阻按星形连接在电源上，计算各相的电流。

5. 一个三相电炉，每相电阻为 22 Ω，接到线电压为 380 V 的对称三相电源上。求：

（1）当电炉接成星形时，求相电压、相电流和线电流。

（2）当电炉接成三角形时，求相电压、相电流和线电流。

第八章 实训：三相交流电路实训

第一节 实训一 三相四线制供电系统认识及三相负载的星形连接

一、实验目的

（1）认识三相四线制供电系统及相、线电压的测量。

（2）掌握三相负载作星形连接的方法。

（3）验证三相负载作星形连接时，负载相电压和线电压及相电流和线电流之间的关系。

（4）了解不对称负载作星形连接时中线的作用。

二、实验器材

（1）380 V /220 V 三相四线交流电源。

（2）交流电压表（0～500 V）一只。

（3）交流电流表（0～1 A）一只。

（4）三组六盏 220 V/40 W 灯泡（每组为两盏灯泡并联，各组间互不连接，可根据实验自行连接）。

（5）万用表一只。

三、实验原理

当三相负载对称或不对称的星形连接有中线时，线电压与相电压均对称，且 $U_{线}=\sqrt{3}U_{相}$，$U_{线}$ 超前 $U_{相}$ 30°。当三相负载不对称又无中线时，此时将出现三相电压不平衡、不对称的现象，导致三相不能正常工作，为此必须有中线连接，才能保证三相负载正常工作。

四、实验步骤和内容

1. 测量电压

用万用表测量三相四线制交流电源的相电压、线电压的数值记入表 8－1 中。

表 8－1 三相四线制交流电源相电压、线电压记录

U_{UV}	U_{VW}	U_{WU}	U_{UN}	U_{VN}	U_{WN}

2．负载作星形连接

(1) 将灯箱负载作星形连接，如图 8－1 所示。

(2) 经检查无误后，合上开关 S_1 和 S_2、S_3、S_4，测量负载端各相电压、线电压和线电流的数值，同时观察灯泡亮度是否相同。

(3) 断开中线开关 S_4，重复上述测量，同时观察灯泡亮度，注意其与有中线时相比有无变化，记入表 8－2 中，然后断开总电源。

(4) 将 U 相负载的灯泡改为一盏（断开 S_1），其他两相仍为两盏。合上 S_2、S_3、S_4，重复第 (2) 项内容的测量，将结果记入表 8－2 中，并观察各相灯泡的亮度。

(5) 将中线开关 S_4 断开，重复第 (2) 项内容的测量，将结果记入表 8－2 中，并观察哪一组灯泡最亮。

注意： 作无中线不对称负载连接时，由于某相电压要高于灯泡的额定电压，故宜动作迅速，时间不可过长，测量完应立即断开总电源。

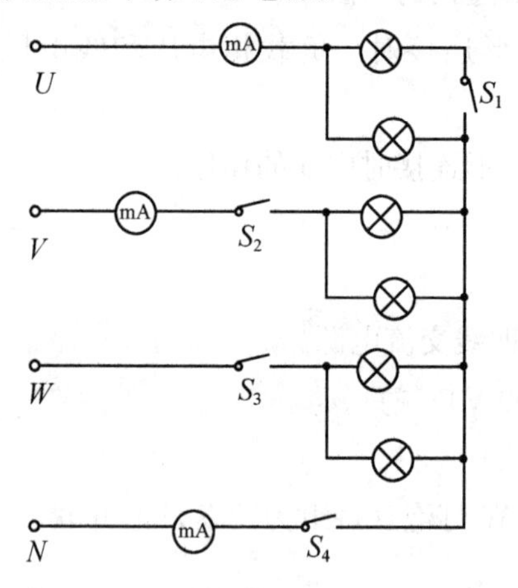

图 8－1　三相负载星形连接实验电路

表 8－2　三相负载星形连接实验记录

		负载对称有中线	负载不对称	
			无中线	有中线
线电压 (V)	U_{UV}			
	U_{VW}			
	U_{WU}			
相电压 (V)	U_U			
	U_V			
	U_W			
电流 (A)	I_U			
	I_V			
	I_W			
电灯亮度	I_N			

五、注意事项

（1）利用万用表测量电压时，一定要打到交流电压档相应量程的位置。

（2）改变负载连接方式时要断开总电源开关。

六、思考题

中线有什么作用？

第二节　实训二　三相负载三角形连接

一、实验目的

（1）掌握三相负载作三角形连接的方法。

（2）验证负载作三角形连接时，对称与不对称的线电流与相电流之间的关系。

二、实验器材

（1）380 V/220 V 三相四线交流电源。

（2）交流电压表（0～500 V）一只。

（3）交流电流表（0～1 A）一只。

（4）三组六盏 220 V/40 W 灯泡（每组为两盏灯泡并联，各组间互不连接，可根据实验自行连接）。

（5）万用表一只。

三、实验原理

将灯箱负载作三角形连接，如图 8－2 所示。

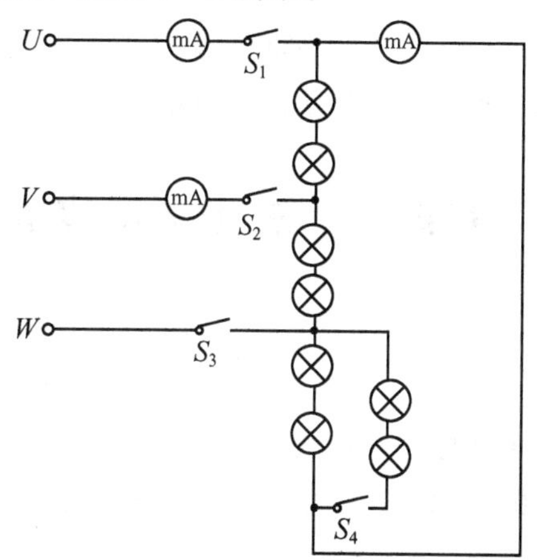

图 8－2　三相负载三角形连接实验电路

当三相负载对称连接时（S_4 断开时），其线电流、相电流之间的关系为 $I_{线}=\sqrt{3}I_{相}$，且相电流超前线电流 30°；当三相负载不对称作三角形连接时（S_4 闭合时），将导致两相的线电流、一相的相电流发生变化，此时 $I_{线}$ 与 $I_{相}$ 不再有$\sqrt{3}$的关系；当三相对称负载作三角形连接时，一相负载断路时，此时只有故障相不能正常工作，其余两相仍能正常工作；当三相对称负载作三角形连接时，一条火线断线时，此时故障两相的负载电压小于正常相的电压，而没有断线的两相仍能正常工作。

四、实验内容和步骤

经检查无误后，接通总开关，测量各电量，记入表 8－3 中。同时观察各相灯泡亮度是否相同，并与星形连接作比较。

（1）三相负载对称：断开 S_4，闭合 S_1、S_2、S_3。测量各电量，并观察灯泡亮度。

（2）三相负载不对称：闭合 S_1、S_2、S_3、S_4。测量各电量，并观察灯泡亮度。

（3）一相负载断路：在三相负载对称的情况下，任意断开一相负载。测量各电量，并观察灯泡亮度。

（4）一相火线断路：在三相负载对称的情况下，任意断开 S_1 或 S_2、S_3。测量各电量，并观察灯泡亮度。

表 8－3　三相负载三角形连接实验记录

	线电流			相电流			线电压			电灯亮度
	I_U	I_V	I_W	I_{UV}	I_{VW}	I_{WU}	U_{UV}	U_{VW}	U_{WU}	
负载对称										
负载不对称										
一相负载断路										
一相火线断路										

五、思考题

（1）负载作三角形连接时，从实验的数据可以看出，$I_{线}$ 与 $I_{相}$ 之间的关系是什么？

（2）对不同情况下的实验数据进行分析，并总结规律。

第三节　实训三　三相电度表安装实验

一、实习目的和要求

（1）了解三相电度表的工作原理和接线要求。

（2）接线时注意电度表的进出脚，不要接反，电度表工作时应竖直放置。

二、实验器材

（1）DT862 型三相电度表 1 只。

（2）RC1A 插入式熔断器 3 只。

（3）DZ47－63 断路器 1 只。

（4）配电板 1 块。

（5）三相电动机 1 台。

（6）三组六盏 220 V/40 W 灯泡（每组为两盏灯泡并联，各组间互不连接，可根据实验自行连接）。

三、电度表工作原理

电度表是利用电压和电流在铝盘上产生的涡流与交变磁通相互作用产生电磁力，使铝盘转动，同时引入制动力矩，使铝盘转速与负载功率成正比，通过轴向齿轮传动，由计度器计算出转盘转数而测出电能。电度表主要结构是由电压线圈、电流线圈、转盘、转轴、制动磁铁、齿轮、计度器等组成。

四、安装要求

（1）电度表应垂直安装在配电板上，与配电板边缘的距离适当，电度表宜装在对地 0.8 m～1.8 m 的高度（表水平中心线距地面尺寸），电度表距地面不应低于 600 mm。

（2）熔断器必须垂直于地面安装，不能横装或斜装。

（3）开关的安装：

①开关安装的位置：既要考虑操作方便，又要安全、美观。

②电阻性负载可选用胶盖闸刀开关或其他普通开关；电感性负载应选用负荷开关或自动空气开关。

③电源进线必须与开关的静触头接线桩相接，出线与动触头接线桩相接。进出线规格要一致。

五、实验步骤

（1）按照要求将各电器元件固定在配电板上。

（2）按照图 8－3 接好线路。

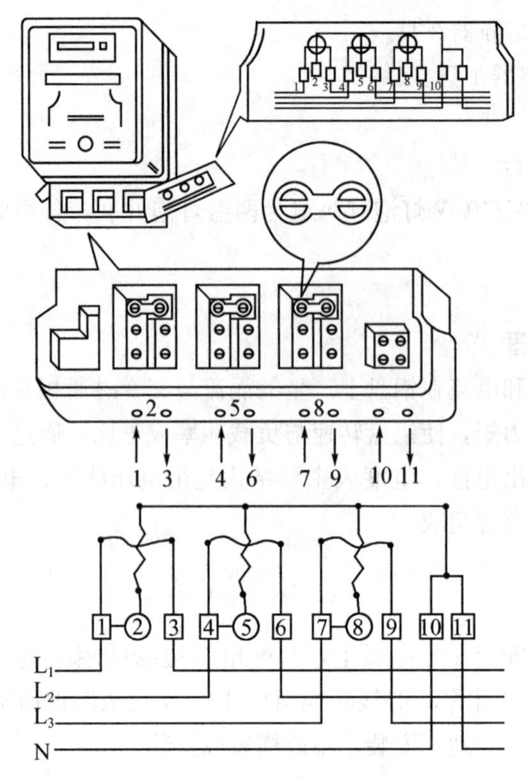

图 8-3 三相电度表接线图

(3) 接好线路后，将电度表接上三相电动机运行 10 分钟，把结果记入表 8-4。

(4) 接好线路后，分别将电度表的一相、二相、三相接上灯泡，并分别运行 10 分钟，把结果记入表 8-4。

表 8-4 三相电度表实验记录

负荷名称	功 率	起 度	止 度	实用（度）	备 注
电动机	kW				
灯泡（一相）	kW				
灯泡（二相）	kW				
灯泡（三相）	kW				

六、思考

为什么三相电度表接上一相或二相负载电度表会转?

第五编
模块五：电路仿真

第九章 电路仿真基础

第一节 EWB在《电工基础》教学中的运用

一、计算机仿真的基本概念

随着电子器件和计算机技术的不断发展，电子电路的设计由传统的搭接实验电路的方式逐渐转变为利用设计软件，借助计算机来完成设计任务，这种设计模式称为计算机辅助设计（Computer Aided Design，CAD）。计算机的介入使得设计师从繁杂的计算和测试的工作中解脱出来，集中精力于产品的创新，极大地推动了电子设计技术的发展。

电子CAD的发展趋势是EDA（Electronic Design Automatic，电子设计自动化）技术。EDA技术是计算机技术、信息技术和CAM（计算机辅助制造）、CAT（计算机辅助测试）等技术发展的产物，它可以将电子产品从电路设计、性能分析直到印制电路设计的整个过程都在计算机上处理完成。与电子CAD软件相比，EDA软件的自动化程度更高，功能更完善，运行速度更快。

二、EWB在《电工基础》教学中的运用

Electronic Workbench软件是加拿大Interactive Image Technologies公司于20世纪80年代末90年代初推出的专门用于电子线路仿真的“虚拟电子工作平台”，简称为EWB。它可以仿真模拟电路、数字电路和混合电路，提供了非常丰富的电路分析功能：瞬态和稳态分析、时域和频域分析、线性和非线性分析、噪声和失真分析等14种分析方法，还可以对被仿真电路中的元器件人为地设置故障。

《电工基础》是研究电路和电磁现象的基本规律及分析方法的一门技术基础课，是学习机电类专业知识必备的理论基础，其内容概念多、原理抽象、难懂难学，是机电类专业学生感到学习难度较大的一门课程。EWB仿真软件引入电工教学，可以有效扩充教学信息，增强课程吸引力，从而使教学更加生动、形象。EWB仿真软件还可以使学生在仿真

过程中随意改变感兴趣的参数，实时观察系统行为的变化，交互性好。这种计算机仿真教学既避免了实验仪器损坏与试验材料的消耗，又有利于学生加深对本课程基本理论与基本概念的掌握，同时 EWB 的仿真环境更能使学生摆脱深奥数学推演的压力，容易激发学生对新知识产生浓厚的探索兴趣。

第二节　EWB 电路仿真软件简介

一、EWB 运行环境要求及软件的安装

1. 系统要求

EWB 5.12 版本是 32 位应用软件，必须在 Windows 3.1、Windows 95/98 或 Windows NT 3.51 以上版本使用。

2. 软件的安装

启动 Windows，把 EWB 安装光盘插入光盘驱动器，按屏幕左下角的“开始”按钮，将鼠标指向“设置”，而后单击“控制面板”项。将鼠标指向“添加/删除程序”图标，单击该图标出现对话框，选择“安装”按提示即可把 EWB 软件安装到计算机硬盘中。

二、EWB 基本界面

1. EWB 的主窗口

启动 Windows，选择“开始/程序/Electronics Workbench/EWB 5.12”，启动 EWB 程序，屏幕出现如图 9−1 所示主窗口。

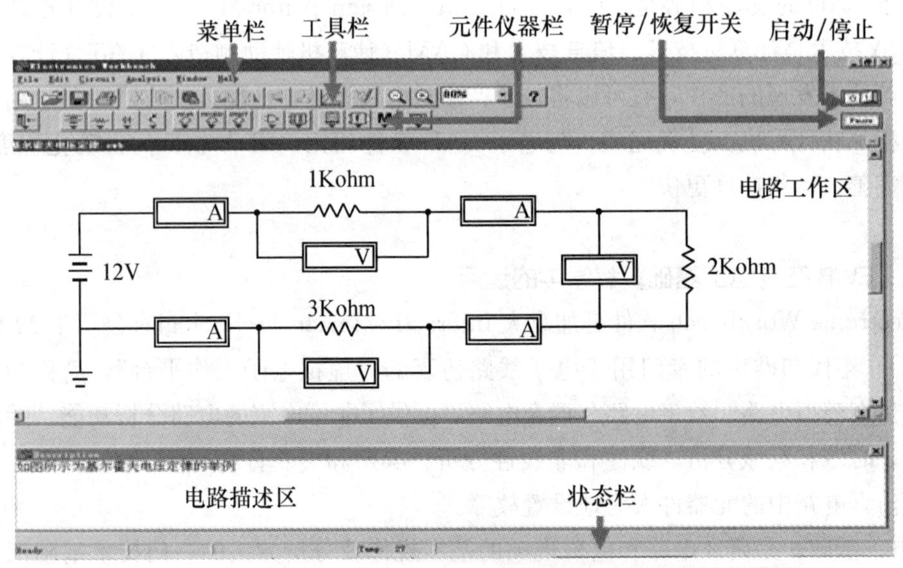

图 9−1　EWB 的主窗口

2. 电路工作区

主窗口中最大的区域是电路工作区，在该区域中创建电路和测试电路。

3. 状态栏

主窗口最下方为状态栏，显示当前操作的状态信息。

4. 菜单栏、工具栏和元器件库栏

位于工作区的上方，分别用于选择电路仿真实验所需的各种命令、常用操作按钮、各种元器件和测试仪器。

主窗口右上角的“暂停/恢复”和“启动/停止”按钮用于控制仿真实验的操作进程。

注意：计算机绘制电路图中的部分不符合国家标准，手工绘制电路图时应按照国家标准的要求。

三、EWB 仪器仪表的使用

EWB 工具栏如图 9－2 所示。

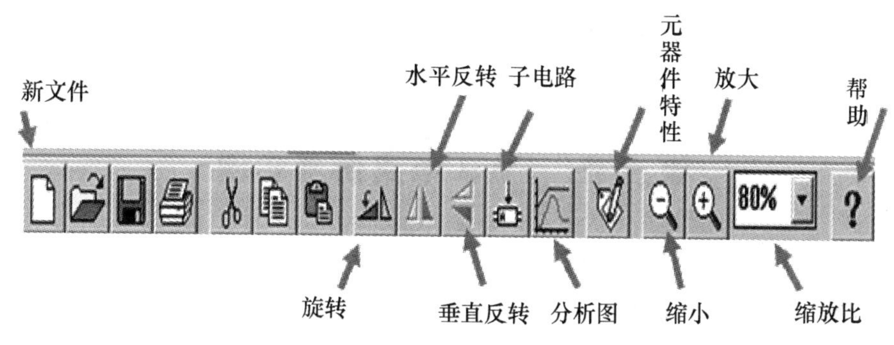

图 9－2　EWB 工具栏

EWB 的仪器仪表如图 9－3 所示。

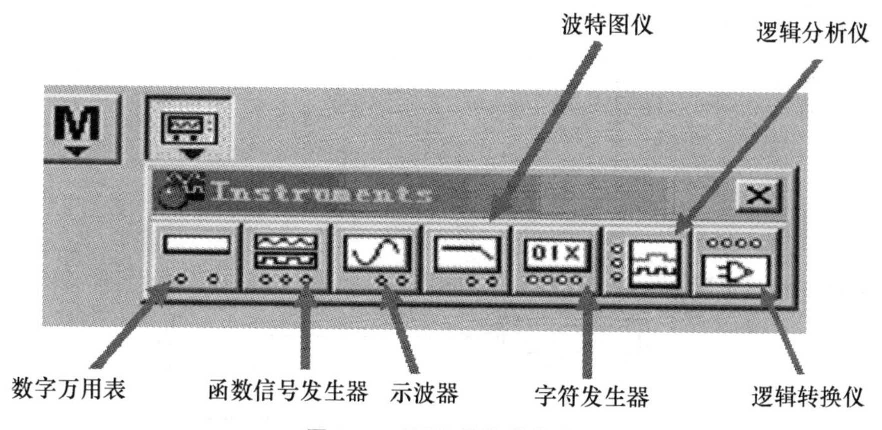

图 9－3　EWB 的仪器仪表

四、EWB 电路仿真分析

用 EWB 软件对电路进行仿真有两种基本方法，一种是使用分析方法分析电路，另一种是使用虚拟器直接测量电路。

1. 用分析方法分析电路的具体步骤

（1）在电路工作窗口画所要分析的电路原理图。

（2）编辑元器件属性，使元器件的数值和参数与所要分析的电路一致。

（3）在电路输入端加入适当的信号。

（4）显示电路的节点。

（5）选定分析功能、设置分析参数。

（6）单击仿真按钮进行仿真。

（7）在图表显示窗口观察仿真结果。

2．使用虚拟仪器直接测量电路具体步骤

（1）在电路工作窗口画所要分析的电路原理图。

（2）编辑元器件属性，使元器件的数值和参数与所要分析的电路一致。

（3）在电路输入端加入适当的信号。

（4）放置并连接测试仪器。

（5）接通仿真电源开关进行仿真。

第三节　EWB 电路仿真实例

一、欧姆定律的 EWB 仿真

1．实验目的

用 EWB 仿真软件来验证欧姆定律。

2．实验电路（见图 9-4）

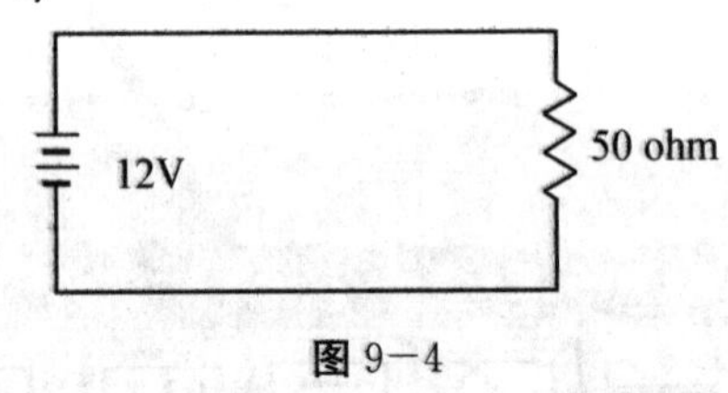

图 9-4

3．仿真电路（见图 9-5）

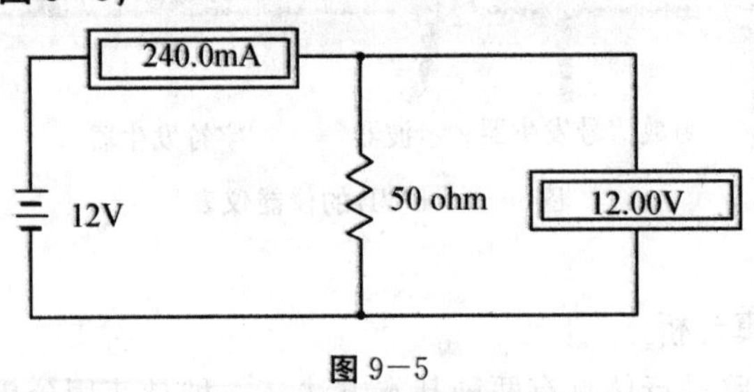

图 9-5

4．仿真结果测量数据：

从图中电压表和电流表的读数可以看出，$R=U/I=12\ \text{V}/240\ \text{mA}=50\ \Omega$，欧姆定律得到验证。

二、串、并联电路分析

(一) 串联电路

1. 实验目的

掌握串联电路分压的特点。

2. 实验电路 (见图 9-6)

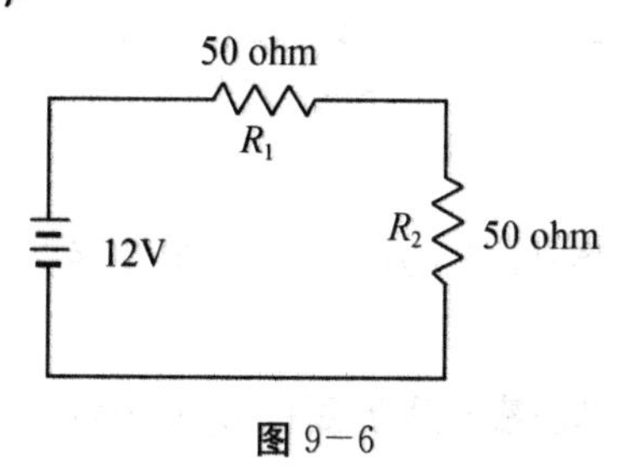

图 9—6

3. 仿真电路 (见图 9-7)

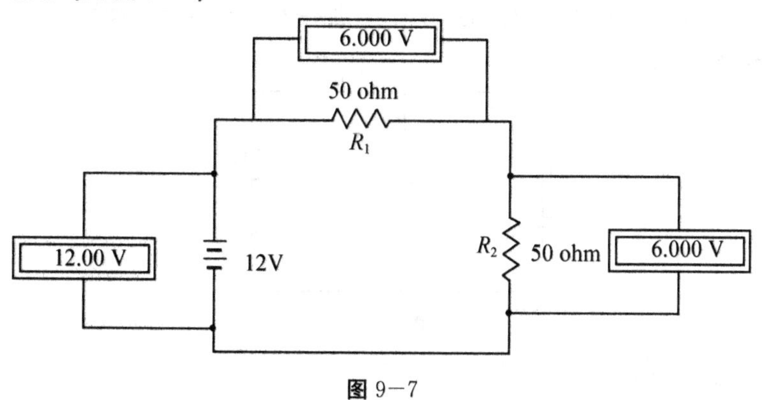

图 9—7

4. 仿真结果测量数据

从图中电压表的读数可以看出，$U=U_1+U_2$，电阻串联分压的特点得到验证。

(二) 并联电路

1. 实验目的

掌握并联电路分流的特点。

2. 实验电路 (见图 9-8)

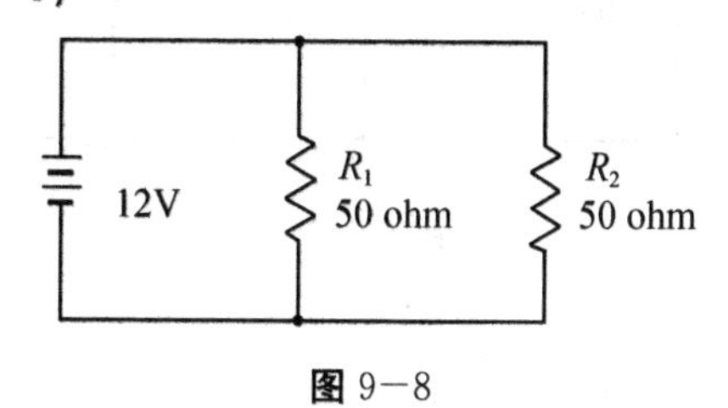

图 9—8

3. 仿真电路（见图 9-9）

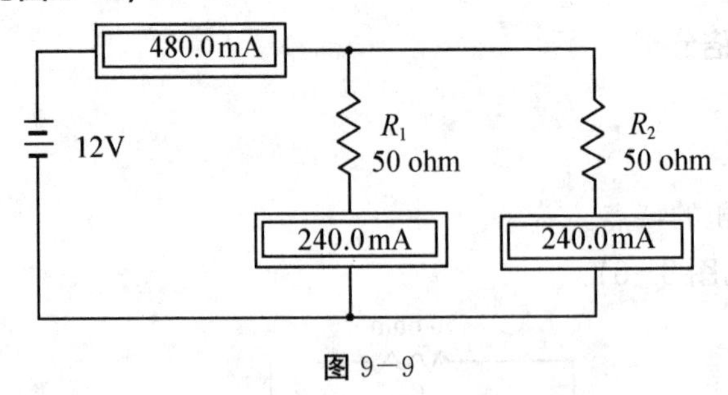

图 9-9

4. 仿真结果测量数据

从图中电流表的读数可以看出，$I=I_1+I_2$，电阻并联分流的特点得到验证。

三、基尔霍夫电压定律、基尔霍夫电流定律 EWB 仿真

1. 实验目的

应用基尔霍夫定律检查实验数据的合理性，加深对电路定律的理解。

2. 实验电路（见图 9-10）

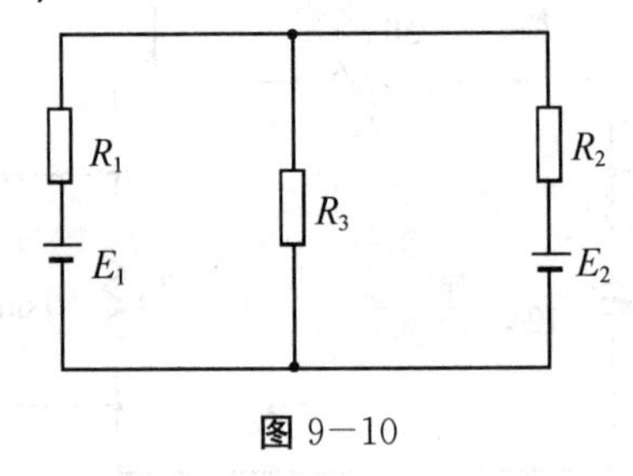

图 9-10

3. 仿真电路（见图 9-11）

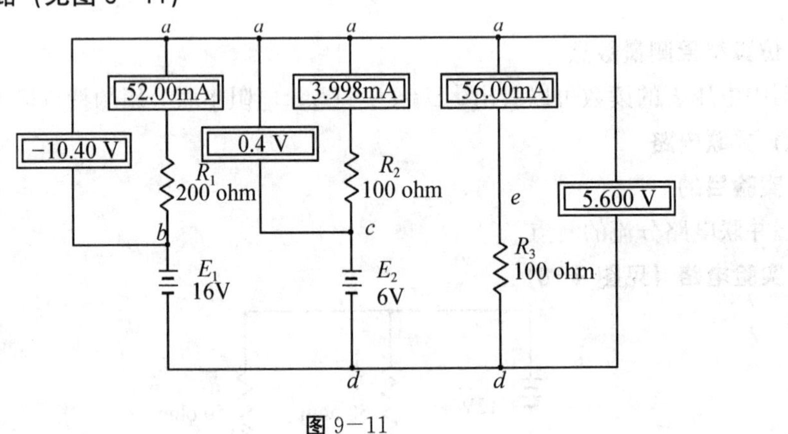

图 9-11

4. 仿真结果测量数据

（1）电流测量（验证 KCL，见表 9-1）

表 9－1

I_1（mA）	I_2（mA）	I_3（mA）	节点 A 上电流的代数和
52 mA	4 mA	56 mA	0 mA

（2）电压测量（验证 KVL，见表 9－2）

表 9－2

U_{ab}（V）	U_{bd}（V）	U_{dc}（V）	U_{ca}（V）	U_{ab}（V）	*abdca* 回路电压降之和	*acdea* 回路电压降之和	*abdea* 回路电压降之和
－10.4	16	－6	0.4	5.6	0	0	0

四、单相正弦交流电的波形

1. 实验目的

通过仿真理解单相正弦交流电的波形。

2. 实验电路（见图 9－12）

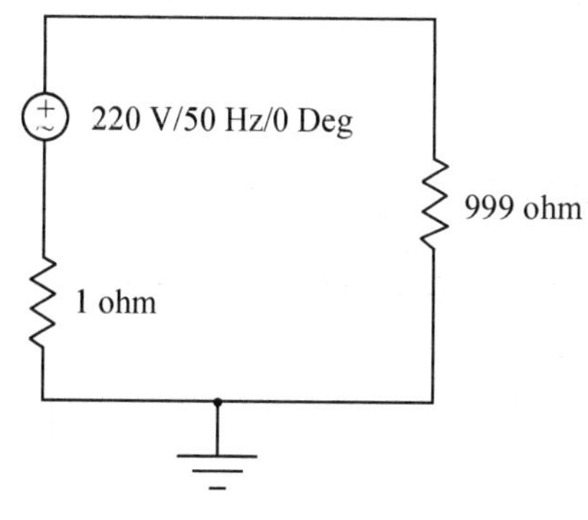

图 9－12

3. 仿真电路（见图 9－13）

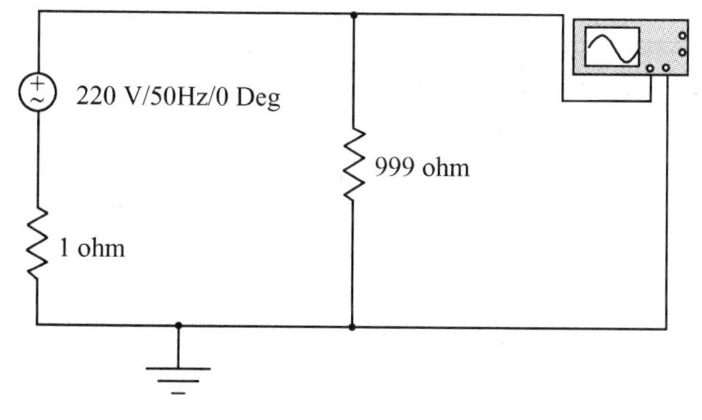

图 9－13

4. 测试波形（用示波器，见图 9－14）

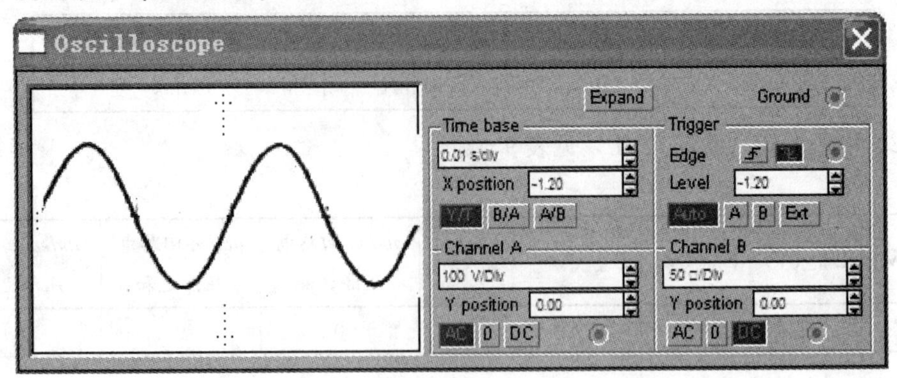

图 9－14

这就是单相正弦交流电压波形。

五、RL 串联交流电路分析

1. 实验目的

掌握串联电路中总电压与各分电压的关系。

2. 实验电路（见图 9－15）

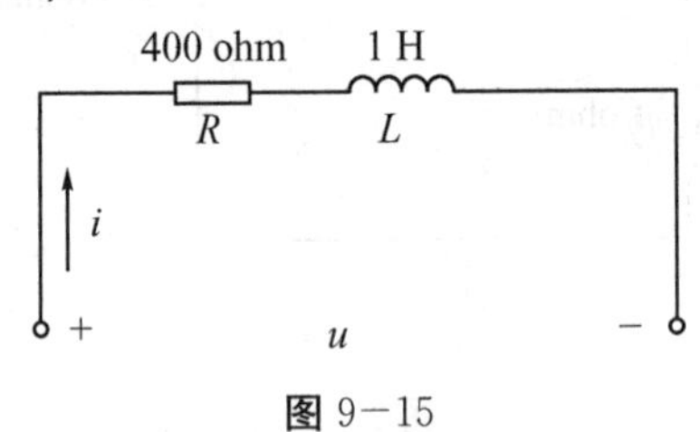

图 9－15

3. 仿真电路（见图 9－16）

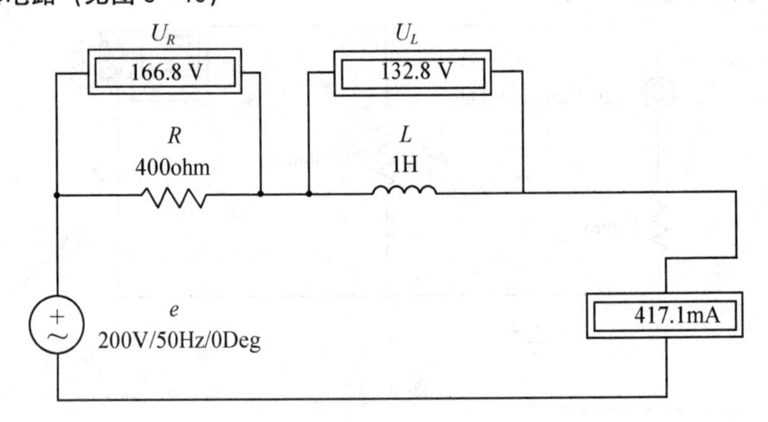

图 9－16

4. 实验数据（见表 9－3）

表 9－3

U（V）	U_R（V）	U_L（V）	I（A）
220	166.8	132.8	0.417

由上图和表可知：在正弦稳态下，虽然各节点电流、各回路电压的瞬时值与相量分别满足 KCL 和 KVL，但电流、电压的有效值一般情况下不满足 KCL 和 KVL。

六、用 EWB 仿真软件仿真互感电路

1. 实验目的

（1）学习测量互感线圈同名端的方法。

（2）学习互感系数 M 和耦合系数 K 的测量方法。

2. 实验电路（见图 9－17）

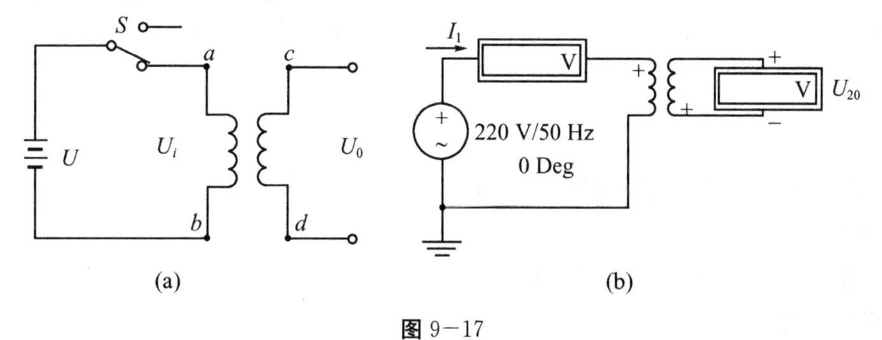

图 9－17

3. 仿真电路（见图 9－18）

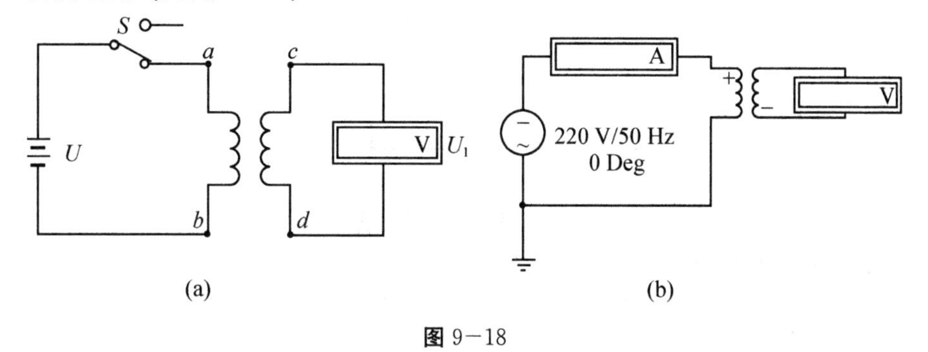

图 9－18

4. 仿真结果测量数据

（1）用 EWB 5.0 软件按照实验图 9－18(a)中所示，进行仿真。在闭合开关 S 后，如果 U_1 的读数为正值，则 a 和 c 是同名端。反之，当断开开关 S 后，如果 U_1 的读数为负值，则 a 和 d 是同名端，见表 9－4 所示。

表 9－4

开关 S 状态	U_1	
闭合	4	a 和 c 是同名端
断开	−4	a 和 d 是同名端

（2）如图 9－18(b)所示，在设定变压器的参数，两线圈的电感和自感分别为 R_1、L_1 和 R_2、L_2，互感为 M。记录电压表、电流表的数值填入表 9－5。

表 9－5

电源电压	电流 I_1	电压 U_{20}
220 V		

根据公式：$M=\frac{U_{20}}{\omega I_1}$，$K=\frac{M}{\sqrt{L_1 L_2}}$计算互感系数 M 和耦合系数 K。

七、用 EWB 仿真软件仿真单相变压器

1. 实验目的

掌握测定变压器变压比的实验方法。

2. 实验电路（见图 9－19）

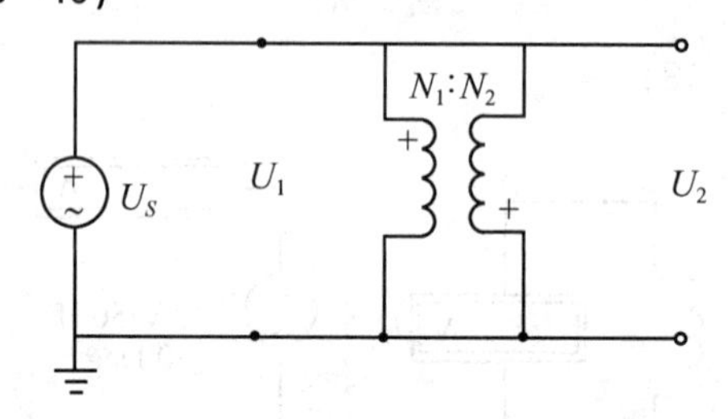

图 9－19　变压器变压比的测定

3. 仿真电路（见图 9－20）

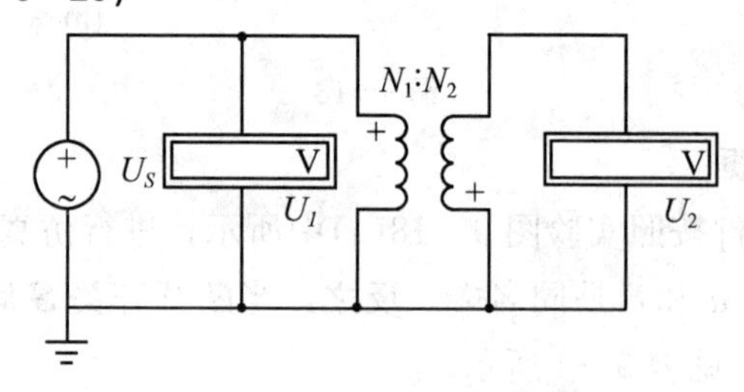

图 9－20　变压器变压比的测定

4. 仿真结果测量数据（见表 9－6）

表 9－6

电　源	110 V/50 Hz	220 V/50 Hz	380 V/50 Hz
U_1			
U_2			

八、三相四线制 Y 型对称负载工作方式分析

1. 实验目的

（1）掌握三相负载作星形联接的方法。

（2）验证三相负载作星形联接时，线电压和相电压，线电流与相电流的关系。

（3）了解负载不对称时中性线的作用。

2. 实验电路（见图 9－21）

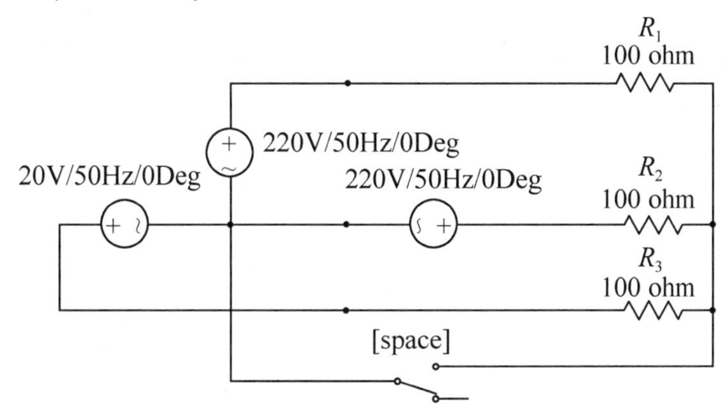

图 9－21

3. 仿真电路（见图 9－22）

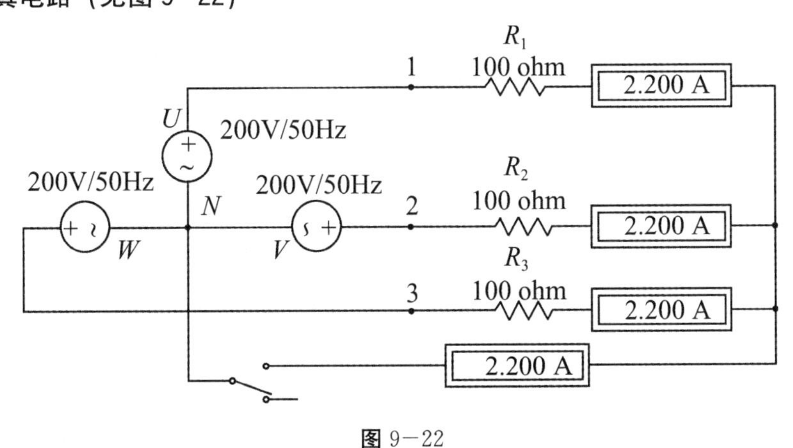

图 9－22

4. 仿真结果测量数据：

（1）电压测量（不对称时 R_3 =50 Ω，见表 9－7）

表 9-7

负载情况	中性线	线电压			相电压		
		U_{12}	U_{23}	U_{31}	U_1	U_2	U_3
三相对称	有	380	380	380	220	220	220
	无	380	380	380	220	220	220
三相不对称	有	380	380	380	220	220	220
	无	380	380	380	220	220	220

（2）电流测量（不对称时 $R_3=50\ \Omega$，中线电流 $I_N=2.2$ A，见表 9-8）

表 9-8

负载情况	中性线	线电流			相电流		
		I_{L1}	I_{L2}	I_{L3}	I_{P1}	I_{P2}	I_{P3}
三相对称	有	2.2	2.2	2.2	2.2	2.2	2.2
三相不对称	有	2.2	2.2	4.2	2.2	2.2	4.2
	无	2.52	2.52	3.31	2.52	2.52	3.30

参考文献

[1] 吴静. 电工基础［M］. 北京：中华工商联合出版社，2008.

[2] 王慧玲. 电工基础［M］. 北京：开明出版社，2001.

[3] 邵展图. 电工基础［M］. 北京：中国劳动出版社，2007.

[4] 王家继. 电工与电子技术基础［M］. 北京：中国劳动出版社，1998.

[5] 易兴俊，卜四清，刘宜新. 电路基础实验与实用电工技能训练［M］. 成都：电子科技大学出版社，1998.

[6] 付磊. 电工工艺技术［M］. 北京：中国劳动出版社，2009.

[7] 沈白浪. 电子工艺技术［M］. 北京：中国劳动出版社，2009.

[8] 王小祥. 电工电子基本技能［M］. 北京：中国劳动出版社，2010.